青少年 防灾减灾 知识手册

北京市地震局
北京市科学技术委员会

地震出版社

图书在版编目（CIP）数据

青少年防灾减灾知识手册/北京市地震局，北京市科学技术委员会主编．—北京：地震出版社，2013.5 (2022.4重印)

ISBN 978-7-5028-4221-5

Ⅰ.①青…　Ⅱ.①北…②北…　Ⅲ.①防灾－青年读物②防灾－少年读物　Ⅳ.①X4-49

中国版本图书馆 CIP 数据核字（2013）第 054019 号

地震版　XM5211/X（4911）

青少年防灾减灾知识手册

北京市地震局　北京市科学技术委员会　主编

责任编辑：范静泊

责任校对：孔景宽　凌　樱

出版发行：地 震 出 版 社

北京民族学院南路 9 号　　　　邮编：100081

发行部：68423031　68467991　　　　传真：68467991

总编室：68462709　68423029

http: //seismologicalpress.com

经销：全国各地新华书店

印刷：北京广达印刷有限公司

版（印）次：2013 年 5 月第一版　2022 年 4 月第二次印刷

开本：710×1000　1/16

字数：194 千字

印张：15.5

书号：ISBN 978-7-5028-4221-5

定价：28.00 元

本书编委会

主编　吴卫民　杨国宾

编委　刘彦锋　常　越　阎仁浩

赵希俊　黄雨蕊　陈廷礼

刘锡大　张宏艳　边振茹

王月龙　于冬艳　张丽芳

前言

随着经济的飞速发展，人们的活动空间越来越大，我们所乘的交通工具速度越来越快，我们使用的电器越来越多，加上我们生存的地球处于一个非常活跃的时期等等因素，使得我们在时间上和空间上时刻处在危险的包围之中——可以说是生活中的危险无处不在，无时不在。正如联合国前秘书长安南所指出的："我们的世界比任何时候更容易受到灾害的伤害。灾害造成死亡的人数在不断加大，灾害的经济损失也迅猛地增长。"

自然是多变的，生活是复杂的，有些事情的发生是无法预测的，有些灾难的发生是难以避免的。比较重大或重大的灾害，会对社会构成灾难。事实上，即使仅有一个人遇难，其死亡对其家庭而言，也已经是一种灾难。尽管事故的发生概率对整个社会来说是万分之一乃至十万分之一，但对不幸被意外事故击中的人们来说却是100%！

美国一位著名的教授指出：在致死性伤员中，约有35%本来是可以避免死亡的，关键是能否获得快速、正确、高效的应急救护。

抛开自然因素，我国各种灾难频繁发生并造成巨大损失的一个重要原因，就是全社会安全意识薄弱，公众自救互救能力不足。

经济社会的发展并不会阻止自然灾害的发生，相反，人类活动还可能如双刃剑般加剧致灾程度——尤其是当预防与应急能力本身存在短板甚至漏洞时。我们虽然不能完全阻止各种灾害的发生，但是可以逐步掌握其规律，积极进行准备和防御，采取科学有效的应对措施，将灾害的损失降至最低。

减轻灾害不仅是一个复杂的自然科学问题，也是一个极其严肃的社会科学问题，要动员全体民众的共同参与。对世界不同地区类似灾害所引发的不同后果的研究表明：有准备和无准备大不一样；有意识和无意识大不一样；懂防灾减灾知识和毫无常识大不一样。

法国著名学者爱尔维修说："每个研究人类灾害的人都可确信，世界上大部分不幸都来自无知。对付无知的办法只有一个，就是学习，在救灾中学习减灾。"在日常生活中，遇到各种突发事件和意外伤害是在所难免的。青少年平时就要注意学习防灾减灾知识，提高自我保护意识和能力，掌握必要的急救知识和技能，学会进行正确地逃生、自救、互救与急救，以便尽量减少意外事故的发生，努力将灾难可能造成的伤害减小到最低程度。

目录

一、科学冷静地面对地震灾害

我们脚下的地球是一个动荡的球体，它既有水平方向的运动，又有垂直方向的运动，只是人们平时不易察觉罢了。地壳运动不断在内部积蓄力量，偶尔会在瞬间爆发，以强烈地震的形式释放能量，破坏人工建筑和地表形态，造成灾难性的后果。地震就像刮风、下雨、闪电、山崩、火山爆发等其他灾害一样，是地球上经常发生的一种自然现象。面对自然灾害，我们要努力去研究它、认识它、寻求避免和减轻灾害的办法，学会“兴利避害”。地震较难预测，且发生突然，从地面出现轻微的震动到建筑物的坍塌，一般只有十几秒的时间。在这短暂的时间内，应该保持冷静，采取正确而有效的避险措施，尽可能减少危险。

地震是一种常见的自然现象　／3

地震的震级和烈度　／7

地震可能引发的各种灾害　／9

地震的成因之谜　／13

面对突发的地震要保持冷静　／15

掌握一些地震避险的基本常识　／16

万一被压埋在废墟下积极自救　／17

积极而有秩序地开展互救活动　／18

正确应急，减小海啸的损失　／19

识别地震谣传，避免盲目行动　／21

做好家庭日常防震准备工作　／23

二、积极减轻和避免地质灾害

地质灾害包括自然因素或者人为活动引发，危害人民生命和财产安全的山体崩塌、滑坡、泥石流、地面塌陷、地裂缝、地面沉降等与地质作用有关的灾害。据国土资源部发布的消息，2012年1～10月，我国共发生地质灾害14203起。其中，滑坡10841起、崩塌2050起、泥石流920起、地面塌陷316起、地裂缝55起、地面沉降21起；造成人员伤亡的地质灾害有136起，共导致290人死亡、83人失踪、256人受伤；造成直接经济损失52.3亿元。

减轻灾害不仅是一个复杂的自然科学问题，也是一个极其严肃的社会科学问题，要动员全体民众的共同参与。对地质灾害的发生：有准备和无准备大不一样；有意识和无意识大不一样；懂防灾减灾知识和毫无常识大不一样。

青少年最有可能接触的地质灾害类型　／27
断层是控制常见地质灾害分布的重要因素　／30
滑坡的识别和判断　／32
滑坡前做好必要的预防应急工作　／34
遇到滑坡时如何避难逃生　／37
泥石流的形成条件和基本规律　／38
泥石流灾害的防范措施　／40
诱发崩塌的主要自然因素　／42
崩塌灾害的防范措施　／44

三、认真准备和防御气象灾害

近年来，全球气候变暖，大气环流异常，极端天气频生。天气变化不循常理出牌的“坏脾气”，大有演变成常态之势。中国是世界上气象灾害发生十分频繁、危害严重的国家之一。北京等地的特大暴雨等所造成的严重危害提醒我们，“几十年不遇”

甚至“百年不遇”的极端天气，离我们并不遥远。社会经济的发展并不能阻止极端天气发生，相反，人类活动还可能加剧致灾程度——尤其是当预防与应急能力本身存在短板甚至漏洞时。我们虽然不能阻止气象灾害的发生，但是可以积极进行预报，采取科学有效的预防措施，才不至于在突发的自然灾害来临时惊慌失措。

地球的气候为什么能一直保持着相对稳定 / 49
造成气候异常的可能原因是什么 / 50
“厄尔尼诺”现象是怎么回事 / 53
影响天气的重要因素——云是怎么产生的 / 54
暴雨的类型和预警信号分级 / 56
暴雨的防范和应对措施 / 59
了解雷电的产生和危害 / 60
如何避免雷击事故的发生 / 62
台风的等级和类型 / 64
台风的形成条件 / 65
台风是怎样命名和编号的 / 68
台风也有两面性 / 69
了解台风的预警信号分级和防范措施 / 71
了解龙卷风的形成过程和危害 / 74
龙卷风袭来时的安全应急常识 / 76
了解常见的洪水类型和危害 / 77
洪水来临前后的预防和应对措施 / 79

四、有效应对火灾，注意安全用电

常言道：“水火无情。”在我们身边，因用火不慎或用电不小心导致的火灾和触电伤亡事件时有发生，可谓触目惊心。2008

年11月14日早晨，上海商学院徐汇校区一个学生宿舍楼发生火灾，4名女生从6楼宿舍阳台跳下逃生，当场死亡。专家指出，如果她们具备危情防范的意识，注意用电安全，那么就不会发生火灾；如果在被困火中时，她们能够冷静沉着地应对，采取正确的应急逃生方法，而不是在极端恐慌中采取不当的逃生方式，惨剧也不会发生……因此，我们一定要警醒，多学点儿防火和用电安全知识，增强防灾意识，防微杜渐，在平时加强用火、用电安全方面的安全检查，消除各种潜在隐患，或者在突发意外事件时，知道如何采取科学有效的应对措施。

人在火灾中可能遭受的危害 / 85
处理火情的基本要领 / 87
采取有针对性的防火、灭火措施 / 91
如何针对不同的火灾使用相应的灭火器 / 93
有些火灾是不能用水来扑救的 / 96
常用家电的安全使用和防火常识 / 97
使用煤气和液化气的防火知识 / 110
火灾中避险逃生应掌握的基本要领 / 111
商场突发火灾时如何逃生 / 114
影剧院突发火灾时如何逃生 / 115
宾馆突发火灾时如何逃生 / 116
家庭预防火灾的安全措施 / 118
在平时做好家庭火灾的逃生计划 / 119

五、青少年必备的交通安全常识

据有关部门统计，目前中国约每5分钟有一人因车祸死亡，每1分钟有一人因车祸致残，每天死亡约200多人，每年死亡约8万人，其中有近20%是14岁以下的儿童。每天，至少有19名15岁以下的中国孩子因道路交通意外而死亡；77人因道

路交通伤害而受伤。少年儿童交通事故死亡率居全球首位，是欧洲的2.5倍、美国的2.6倍。交通安全问题是个不容忽视的非常严重的问题。交通安全人人有责，青少年一定要加强交通安全意识，严格遵守交通法规，并培养在危险状态下的自我保护、应变和逃生能力。

常见道路交通事故的特点　/ 125
行人应该如何保证交通安全　/ 126
非机动车如何注意行驶安全　/ 129
乘坐汽车时的安全防范措施　/ 131
乘坐火车时的安全防范措施　/ 136
遇到地铁意外事故时的应对方法　/ 141
乘坐飞机时确保安全的基本要领　/ 144
乘坐轮船时的安全注意事项　/ 148

六、青少年应掌握的基本急救知识

从人体生理的角度来说，在常温下，心搏骤停4分钟就会造成脑细胞的破坏，超过10分钟脑细胞几乎是不可逆的损伤——有关专家将心搏骤停的4分钟内作为心肺复苏的黄金时间。这充分体现了“时间就是生命”的深刻内涵。通常，意外发生的几分钟内，医务人员是不太可能到达现场的。通过简单的人工呼吸、心脏按压、创伤急救等方法，但在挽救生命的“黄金时间”里可以起到巨大的作用。因此，学习和掌握一些急救知识和急救技能非常必要。

人人都应掌握一定的急救知识　/ 155
现场急救的原则和注意事项　/ 159
每个人都尽量学习心肺复苏常识及操作技能　/ 160
心肺复苏的基本步骤和要领　/ 162
常见的出血类型和指压止血法　/ 167

加压包扎止血法 / 171
止血带止血法的基本操作要领 / 173
在发现别人大量出血时如何急救 / 175
快、准、轻、牢地进行包扎 / 176
发生车祸时的现场救护措施 / 181
鼻出血的急救措施 / 183
耳朵出血的急救措施 / 185
骨折的现场急救原则和方法 / 187
戳伤和扭伤的四步急救法 / 188
防止被蜂蛰和被蛰后的急救常识 / 190
对溺水者的急救措施 / 192

七、避免生活中的伤害，学会自我保护

在媒体上经常可看到或听到这样的事：有的孩子在河边玩，一不小心落水身亡；有的孩子因为不懂用电知识，被电击伤或引发火灾；有的孩子因为在野外不会辨识方向和求救，旅游时发生意外；有的遇到了紧急情况需要求助，却不知如何简明地报警……这些青少年因为缺乏自我保护能力弱而致亡致残的事实让人痛心不已。因此，青少年平时就要注意自我保护知识，提高自我保护意识和能力，以便在危难中有效的自救。

在遇到拥挤踩踏事故时如何避免受到伤害 / 197
掌握一些预防游泳溺水的常识 / 199
游泳遇险时沉着、冷静地自救 / 201
在进行体育运动时避免意外伤害 / 203
避免和减轻化学烧伤事故的伤害 / 205
当乘坐的电梯运行不正常时怎么办 / 210
了解和掌握安全用电的基本常识 / 212

学会在野外辨认方向 / 218
在野外如何发出求救信号 / 222
了解一些常见的有毒花木知识 / 222
正确拨打报警电话 110 / 227
正确拨打火警电话 119 / 229
正确拨打急救电话 120 / 230
正确拨打交通事故报警电话 122 / 232

一

科学冷静地面对地震灾害

我们脚下的地球是一个动荡的球体，它既有水平方向的运动，又有垂直方向的运动，只是人们平时不易察觉罢了。地壳运动不断在内部积蓄力量，偶尔会在瞬间爆发，以强烈地震的形式释放能量，破坏人工建筑和地表形态，造成灾难性的后果。地震就像刮风、下雨、闪电、山崩、火山爆发等其他灾害一样，是地球上经常发生的一种自然现象。面对自然灾害，我们要努力去研究它、认识它、寻求避免和减轻灾害的办法，学会“兴利避害”。地震较难预测，且发生突然，从地面出现轻微的震动到建筑物的坍塌，一般只有十几秒的时间。在这短暂的时间内，应该保持冷静，采取正确而有效的避险措施，尽可能减少危险。

地震是一种常见的自然现象

地球是目前人类所知宇宙中唯一存在生命的天体。地球诞生于45.5亿年前，而生命诞生于地球诞生后的10亿年内。地球的物理特性，使得地球上的生命能周期性地持续。

地球的内部结构为一同心圆状圈层构造，由地心至地表依次分化为地核、地幔、地壳。地球地核、地幔和地壳的分界面，主要依据地震波传播速度的急剧变化推测确定（如下图）。

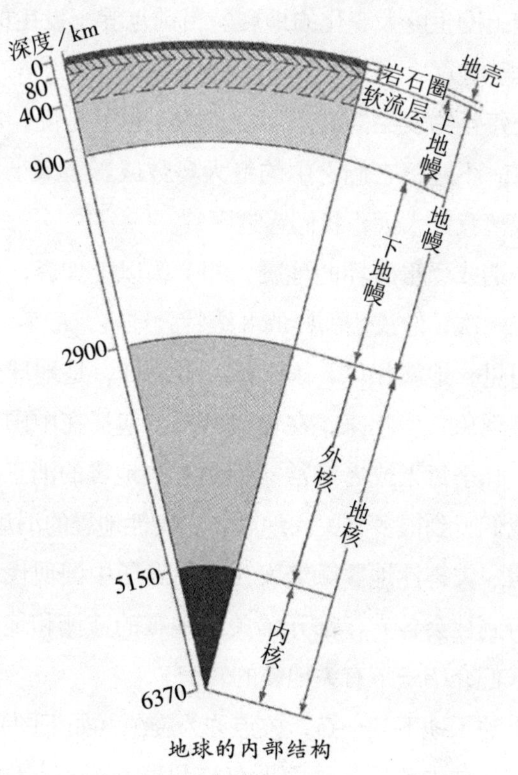

地球的内部结构

地壳无时不在运动。但一般而言，地壳运动速度缓慢，不易为人感觉。特殊情况下，地壳运动表现得快速而激烈，就会引发地震活动，并因地震常常引发山崩、地陷、海啸。

地震就是因地球内部缓慢积累的能量突然释放而引起的地球表层的振动。它是一种经常发生的自然现象，是地壳运动的一种特殊表现形式。强烈的地震会给人类带来很大的灾难，是威胁人类的一种突如其来的自然灾害。

根据引起地壳震动的原因不同，可以把地震分为构造地震、火山地震、陷落地震和诱发地震等等。

构造地震也叫断裂地震，是由于岩层断裂，发生变位错动，在地质构造上发生巨大变化的地震。目前世界上发生的地震90%以上属于构造地震。

地球上每年约发生500多万次地震。也就是说，每天要发生上万次地震。不过，它们之中的绝大多数或震级太小，或发生在海洋中，或离我们太远，我们感觉不到。

对人类造成严重破坏的地震，即7级以上地震，全世界每年大约有一二十次；像汶川那样的8级特大地震，每年大约一两次。

由此可见，地震和风、雨、雷、电一样，是地球上经常发生的一种自然现象。多年来，在世界各地，包括在中国，大小地震不断。我们几乎每天或者经常能听到有关地震的消息。特别是近几年来，我们听到很多有关大地震、灾害性地震的消息。

大地震、灾害性地震频繁发生，引发了中国现代地震学的发展，从政府到社会各界，都开始关注地震的监测和地震的研究问题。下面我们介绍一下有关地震的知识。

地震发源于地下某一点，该点称为震源（如下图）。振动从震源传出，在地球中传播。地面上离震源最近的一点称为震中，它是接受振动最早的部位。

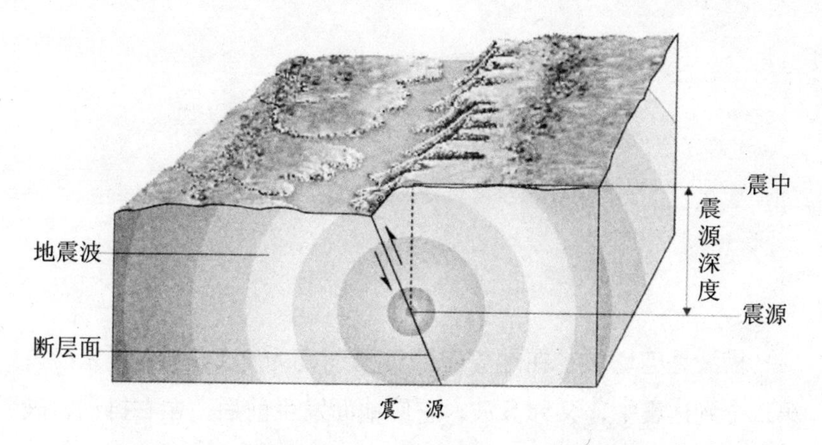

震　源

地震时，振动在地球内部以弹性波的方式传播，故称作地震波（如下图）。这就像把石子投入水中，水波会向四周一圈一圈地扩散一样。

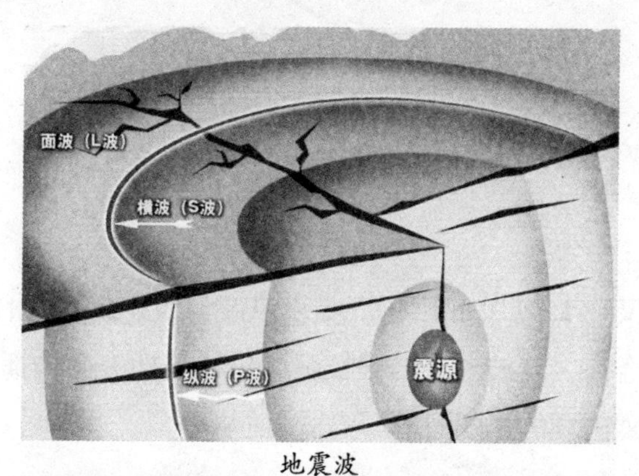

地震波

地震波按传播方式分为三种类型：纵波、横波和面波。

纵波是推进波，地壳中传播速度为5.5～7千米/秒，最先到达震中，又称P波（如下图），它使地面发生上下振动，破坏性较弱。

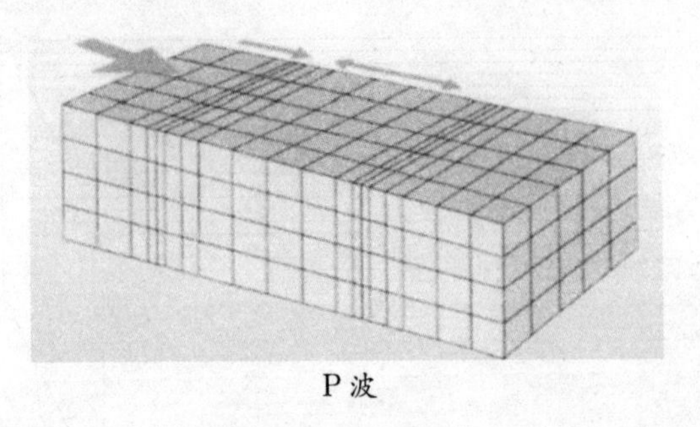

P 波

横波是剪切波：在地壳中的传播速度为 3.2～4.0 千米/秒，第二个到达震中，又称 S 波，它使地面发生前后、左右抖动，破坏性较强。

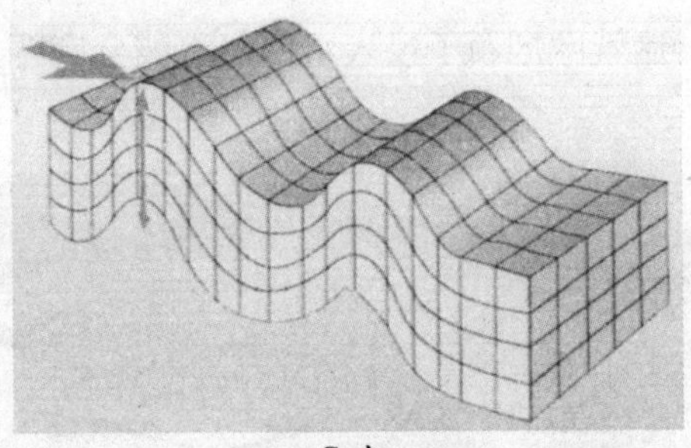

S 波

面波又称 L 波（如下图），是由纵波与横波在地表相遇后激发产生的混合波。其波长大、振幅强，只能沿地表面传播，是造成建筑物强烈破坏的主要因素。

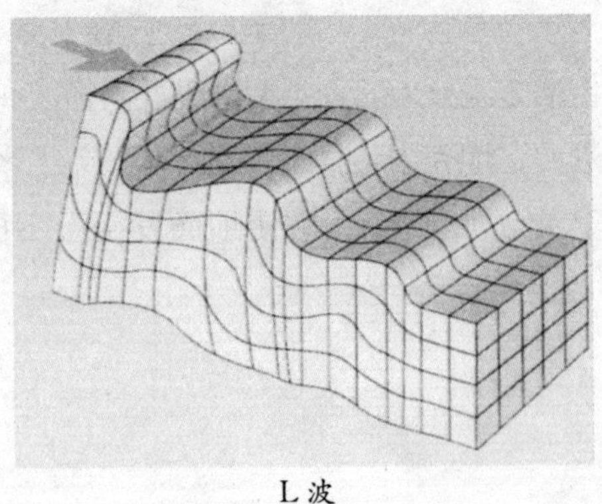

L 波

一般地说，在震前的一段时间内，震区附近总会出现一些异常变化。如地下水的变化，如突然升、降或变味、发浑、发响、冒泡；气象的变化，如天气骤冷、骤热，出现大旱、大涝；电磁场的变化、临震前动物和植物的异常反应，等等。可以根据这些直观的变化进行综合研究，再加上专业部门从地震机制、地震地质、地球物理、地球化学、生物变化、天体影响及气象异常等方面利用仪器观测的数据进行处理分析，就可能对发震的时间、地点和震级进行预报。如 1975 年发生在辽宁海城的 7.3 级地震的成功预报，就是一例。但是，由于地震成因的复杂性和发震的突然性，以及人们现时的科学水平有限，直到今天，地震预报还是一个世界性的难题，在世界上还没有一种可靠途径和手段能准确地预报所有破坏性地震。为此，很多地震工作者和专家都在努力地探索着。

地震的震级和烈度

震级是表征地震强弱的量度，通常用字母 M 表示。它与地震所释放的能量有关。

中国目前使用的震级标准，是国际上通用的里氏分级表，共分 9 个等级。

一个 6 级地震释放的能量，相当于美国投掷在日本广岛的原子弹所具有的能量。震级每相差 1.0 级，能量相差大约 32 倍；每相差 2.0 级，能量相差约 1000 倍。也就是说，一个 6 级地震相当于 32 个 5 级地震，而 1 个 7 级地震则相当于 1000 个 5 级地震。

按震级大小，可把地震划分为以下几类：

弱震——震级小于 3 级。如果震源不是很浅，这种地震人们一般不易觉察。

有感地震——震级等于或大于 3 级、小于或等于 4.5 级。这种地震人们能够感觉到，但一般不会造成破坏。

中强震——震级大于 4.5 级、小于 6 级。属于可造成破坏的地震，但破坏轻重还与震源深度、震中距等多种因素有关。

强震——震级等于或大于 6 级。其中震级大于等于 8 级的又称为巨大地震。

同样大小的地震，造成的破坏不一定相同；同一次地震，在不同的地方造成的破坏也不一样。为了衡量地震的破坏程度，科学家又“制作”了另一把“尺子”——地震烈度。地震烈度与震级、震源深度、震中距，以及震区的土质条件等有关。

一般来讲，一次地震发生后，震中区的破坏最重，烈度最高，这个烈度称为震中烈度。从震中向四周扩展，地震烈度逐渐减小。所以，一次地震只有一个震级，但它所造成的破坏，在不同的地区是不同的。也就是说，一次地震，可以划分出好几个烈度不同的地区。这与一颗炸弹爆后，近处与远处破坏程度不同道理一样。炸弹的炸药量，好比是震级；炸弹对不同地点的破坏程度，好比是烈度。

我国把烈度划分为 12 度（通常用罗马数字表示），不同烈度的地震，其影响和破坏大体如下：

小于Ⅲ度——人无感觉，只有仪器才能记录到；

Ⅲ度——悬挂物轻微摆动，在夜深人静时人有感觉；

Ⅳ～Ⅴ度——大多数人有感，睡觉的人会惊醒，吊灯摇晃；

Ⅵ度——人站立不稳，器皿倾倒，房屋轻微损坏；

Ⅶ～Ⅷ度——房屋受到损坏，地面出现裂缝；

Ⅸ～Ⅹ度——房屋大多数被破坏甚至倒塌，地面破坏严重；

Ⅺ～Ⅻ度——房屋大量倒塌，地形剧烈变化，毁灭性的破坏。

地震可能引发的各种灾害

2008年5月12日14时28分，四川汶川—北川一带突发8级强震，大地颤抖，山河移位，满目疮痍……这是新中国成立以来破坏性最强、波及范围最大的一次地震。此次地震重创约50万平方公里的中国大地。震中烈度最大达Ⅺ度，造成69227人遇难，374643人受伤，失踪17923人。地震所造成的直接经济损失超过8000亿元人民币。

实际上，造成重大损失的地震在全球并不少见，即使在国内，也屡有发生。比如，1976年7月28日的唐山地震，造成24.2万人死亡，16.4万人重伤，倒塌房屋530万间，直接经济损失100亿元以上……

据考证，地面破坏程度最大的地震，是1964年美国阿拉斯加安克雷奇市大地震。这次地震的震中位置在城东130千米左右的威廉王子湾，震动持续了4分钟。城市的主干道被一条宽50厘米的裂缝分成两半，一半下沉了约6米。阿拉斯加南海岸的悬崖滑入了海中。地震发生后，海啸随之而来，把一艘艘船只抛向内陆深处。地震使地表水平位移最大达到20米，震源断层位移最大达到30米，被公认为是当今地面破坏、地壳变动最大的地震。

震级最高的地震是1960年的智利大地震。1960年从5月21日开始的一个月里，在智利西海岸连续发生了多次强烈地震，其中5月22日发生的矩震级为9.5级，成为迄今为止震级最高的地震。这次罕见的地震过后，从智利首都圣地亚哥到蒙特港沿岸的城镇、码头、公用及民用建筑或沉入海底，或被海浪卷入大海，仅智利境内就有5700人遇难。地震形成的海浪以每小时700千米

的速度横扫太平洋，15 小时后，高达 10 米的海浪呼啸而至袭击了夏威夷群岛。海浪继续西进，8 小时后 4 米高的海浪冲向日本的海港和码头。在日本岩手县，海浪把大渔船推上了码头，跌落在一个房顶上。这次海啸造成日本 800 人死亡，15 万人无家可归。

引起最大火灾的地震是 1923 年的日本关东大地震。那年 9 月 1 日上午 11 时 58 分，伴随着一阵方向突变的怪风，地下发出了雷鸣般的巨响，大地剧烈摇晃起来，建筑物纷纷坍塌，同时引起了熊熊大火。这个古老的城市东京木屋居多，街道狭窄，消防滞后，结果使东京遭受了毁灭性的破坏。大火整整烧了三天三夜，直至无可再烧，全城 80％的死难者是惨死于震后的大火中，全城 36.6 万户房屋被烧毁。火灾尚未停息，海啸引起的巨浪又接踵而来，摧毁了沿岸所有的船舶、港口设施和近岸房屋。这次大地震摧毁了东京、横滨两大城市和许多村镇，14 万多人死亡、失踪，10 多万人受伤，死亡人数比持续 19 个月的日俄战争（13.5 万人）还多，财产损失达 28 亿美元，比日俄战争多 5 倍。这是现代地震史上，除我国海原地震和唐山地震之外，伤亡最多的一次震灾。

地震史上死亡人数最多的地震是 1556 年的中国陕西华县大地震。据史书记载，1556 年 1 月 23 日，今陕西华县发生 8 级地震。造成的死亡人口之多，在古今中外地震史中实属罕见。据史料记载："压死官吏军民奏报有名者 83 万有奇，其不知名未经奏报者复不可数计。"这次地震重灾区面积达 28 万平方公里，分布在陕西、山西、河南、甘肃等省区；地震波及大半个中国，有感范围远达福建、两广等地。

一次破坏性地震，往往会引起各种灾害，主要表现在如下几个方面：

(1) 地震的直接灾害

破坏性地震发生时，地面剧烈颠簸摇晃，直接破坏各种建筑物的结构，造成倒塌或损坏；也可以破坏建筑物的基础，引起上部结构的破坏、倾倒。建筑物的破坏导致人员伤亡和财产损失，形成灾害。这种直接因地面颠簸摇晃造成的灾害，称为地震的直接灾害。下面就是一张地震破坏的图片。

地震破坏

(2) 地震的次生灾害

地震还会间接引起火灾、水灾、毒气泄漏、疫病蔓延等等，称为地震的次生灾害。例如，地震时电器短路引燃煤气、汽油等会引发火灾；水库大坝、江河堤岸倒塌或震裂，会引起水灾；公路、铁路、机场被地震摧毁，会造成交通中断；通讯设施、互联网络被地震破坏，会造成信息灾难；化工厂管道、贮存设备遭到破坏，会造成有毒物质泄漏、蔓延，危及人们的生命和健康；城市中与人民生活密切相关的电厂、水厂、煤气厂和各种管线被破坏，会造成大面积停水、停电、停气；卫生状况的恶化，还能造成疫病流行，等等。

特别是人口稠密、经济发达的大城市，现代化程度越高，各种各样的现代化设施错综复杂，次生灾害也越严重。所以，大城市特别应该重视对次生灾害的防御。

(3) 地震造成的其他破坏现象

大地震对自然界的破坏是多方面的。如大地震时出现地面裂缝、地面塌陷、山体滑坡、河流改道、地表变形，以及喷沙、冒水、大树倾倒等现象。

如果大地震发生在海边或海底，还会形成海啸。狂涛巨浪发出飓风般的呼啸声，向四周海岸冲去，造成巨大损失。

(4) 地震恐慌也会带来损失

破坏性地震的突发性和巨大的摧毁力，造成人们对地震的恐惧。有一些地震本身没有造成直接破坏，但由于人们明显感觉到了，再加上各种“地震消息”广为流传，以致造成社会动荡而带来损失。这种情况如果发生在经济发达的大、中城市，损失会相当严重，甚至不亚于一次真正的破坏性地震。

由于缺乏知识，轻信谣言，人们会因恐慌而停工、停产、停课；会到银行大量提款；会因成群外逃“避震”造成交通堵塞；甚至会引起交通事故、跳楼避险或互相挤踏造成伤亡。像北京、上海这样的现代化大都市，如果发生地震恐慌，仅停工一天，就会造成数亿元的经济损失。这类因地震恐慌而造成的社会“灾害”，越来越引起人们的广泛关注。

地震的成因之谜

人类在认识地震这种现象的历史过程中，伴随着丰富的想象，曾产生种种神话与传说。

大约在 12 世纪，日本古历书上有所谓“地震虫”的描述。1710 年，日本有书谈及鲶鱼与地震的关系时，认为大鲶鱼卧伏在地底下，背覆着日本的国土，当鲶鱼发怒时，就将尾巴和鳍动一动，于是造成了地震。我国古代对地震这一特殊灾害，也有专门描述。民间流传着这样一个传说：地底下有一条大鳌鱼，驮着大地，时间久了就要翻一翻身，于是大地就抖动起来，鳌鱼翻身就是地震了。

随着科学的发展，人们对地震的认识也逐渐摆脱了神话色彩。古希腊的伊壁鸠鲁认为，地震是由于风被封闭在地壳内，结果使地壳分成小块不停地运动，即风使大地震动而引起地震。随之出现了卢克莱修的风成说，他认为来自外界或大地本身的风和空气的某种巨大力量，突然进入大地的空虚处，在这巨大的空洞中，先是呻吟骚动并掀起旋风，继而将由此产生的力量喷出外界，与此同时，大地出现深的裂缝，形成巨大的龟裂，这便是地震。亚里士多德则提出，地震是由突然出现的地下风和地下灼热的易燃物体造成的。

20 世纪伊始，科学家们开始深入研究地震波，从而为地震科学及至整个地球科学掀开了新的一页。相继提出比较有影响的假说有三种：

一是 1911 年理德提出的“弹性回跳说”。认为地震波是由于断层面两侧岩石发生整体的弹性回跳而产生的，来源于断层面。

岩层受力发生弹性变形，力量超过岩石弹性强度，发生断裂，接着断层两盘岩石整体弹跳回去，恢复到原来的状态，于是地震就发生了。这一假说可用下图表示：

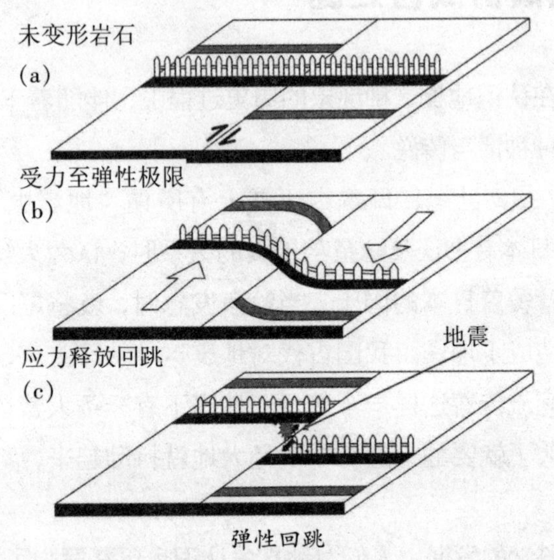

弹性回跳

这一假说能够较好地解释浅源地震的成因，但对中、深源地震则不好解释。因为在地下相当深的地方，岩石已具有塑性，不可能发生弹性回跳的现象。

二是1955年日本的松泽武雄提出地下岩石导热不均，部分熔融体积膨胀，挤压围岩，导致围岩破裂产生地震，这是所谓的“岩浆冲击说”。

三是美国学者布里奇曼提出，地下物质在一定临界温度和压力下，从一种结晶状态转化为另一种结晶状态，体积突然变化而发生地震的“相变说”。

虽然，地震之谜迄今没有完全解开，但随着物理学、化学、古生物学、地质学、数学和天文学等多学科交叉渗透，深入发展，相信我们最终一定能够完全破解地震的种种谜团。

面对突发的地震要保持冷静

我国是一个地震多发的国家，许多城市都随时可能面临地震的威胁。地震往往只有那么几秒，但是这短短的几秒，对我们来说却是生死攸关的几秒。如果我们能够多了解一些地震的应急、躲避和自救常识，一旦地震灾害突降，就能尽量避免和减少伤害，增加生存的希望。因此，每个人都应该在平时主动学习一些必要的地震安全知识。

首先，面对地震要保持冷静。

俗语说："小震不用跑，大震跑不了。"地震发生时，至关重要的是要有清醒的头脑，镇静自若的态度。只有镇静，才有可能减少不必要的伤害，尽量有效地保护自己。

遇到地震的时候，千万不可惊惶失措，跳楼逃跑。因为地震强烈振动时间只有 1 分钟左右，相当短促，从打开门窗到跳楼往往需要一段时间，特别是人站立行走困难，如果门窗被震歪变形开不动，那耗费时间就更多。有的人慌了手脚，急不可待，用手砸玻璃，结果把手也砸伤了。另外，楼房如果很高，跳楼可能会摔死或摔伤，即使安全着地，也有可能被倒塌物砸死或砸伤。

根据唐山地震震害调查结果表明，因跳楼或逃跑而伤亡的人数在 6 种主要伤亡形式（直接伤亡、闷压致死、跳楼或逃跑、躲避地点不当、重返危房、抢救或护理不正当等）中占第三位。地震时，造成钢筋混凝土大楼一塌到底的情况毕竟较少，完全倒塌一般是主震后的强余震所致。因为钢筋混凝土的建筑物，除了具有一定的刚性外，还有相当的韧性。这就是主震往往不可能一下子彻底摧毁混凝土建筑物的原因。所以，地震时暂时躲避在坚实的家具下或墙角处，是较为安全的。另外也可转移到承重墙较多，开间较小的厨房、卫生间等处去暂避一时。因为这些地方跨度小而刚度大，加之有些管道支撑，抗震性能较好。室内避震不管躲在哪里，一定要注意避开墙体的薄弱部位，如门窗附近等。躲过主震后，应迅速撤至户外。撤离时注意保护头部，最好用枕头、被子等柔软物体护住头部。

掌握一些地震避险的基本常识

地震晃动时间一般约为 1 分钟左右，这段时间足够我们寻找尽可能安全的地点躲避了。

地震发生后，不要慌张地向户外跑。因为碎玻璃、屋顶上的砖瓦、从高处等掉下来砸在身上是很危险的。地震发生时如果在户外，要保护好头部，避开危险之处。在繁华街、楼区，最危险的是玻璃窗、广告牌等物落下来砸伤人，逃生时要注意用手或手提包等物保护好头部。

钢筋水泥结构的房屋，由于地震的晃动会造成门窗错位，打不开门。因此，要预防地震时一旦被困在屋子里，为了及时逃生，准备好梯子、绳索等。

当大地剧烈摇晃，站立不稳的时候，人们都会有扶靠、抓住固定物的心理，门柱、墙壁大多会成为扶靠的对象。但是，这些看上去挺结实牢固的东西，实际上是很为危险的。

发生地震时在商场、地下通道等人员较多的地方，最可怕的是发生混乱，如果地震时在这些地方请依照商店职员、警卫人员的指示来行动。就地震而言，地下通道是比较安全的。即便发生停电，紧急照明系统也会立即起作用，此时要镇静地采取应急

行动。

在山边或陡峭的倾斜地带，地震时有发生山崩、断崖落石的危险，要远离这些地方，到安全的场所避险。

在海岸边，发生地震时，有遭遇海啸的危险。要注意收听海啸警报，避开这些地方，迅速到安全的场所避险。

万一被压埋在废墟下积极自救

时间就是生命。多次大地震的救灾过程表明，灾民的自救互救能最大限度地为挽救生命赢得时间。例如，1976 年唐山 7.8 级地震后，唐山市区（不包括郊区和矿区）的 70 多万人中，约有 80％～90％即 60 多万人被困在倒塌的房屋内，而通过市区居民和当地驻军的努力，80％以上的被埋压者获救，灾民的自救与互救使数以万计的人死里逃生，大大降低了伤亡率。

地震中被埋在废墟下的人员，即使身体不受伤，也有可能有被烟尘呛闷窒息的危险。因此，这时应注意捂住口鼻，避免窒息。另外，还应想法将手与脚挣脱开来，并利用双手和可以活动的其他部位摆脱压在身上的各种物体。没有受伤的人在条件允许时如果可能，尽量用砖块、木头等支撑住可能塌落的重物，尽量将“安全空间”扩大些，以保持足够的安全性。

被困人员若环境和体力许可，应尽量想法逃离险境，最好朝着有光线充足和空气流通的地方移动。如果床、窗户、椅子等旁边还有空间的话，可以从下面爬过去，或者仰面蹭过去。倒退时，要把上衣脱掉，把带有皮带扣的皮带解下来，以免在逃生中被碍障物挂住。

无力脱险自救时，应尽量减少气力的消耗，坚持的时间越长，得救的可能性越大。

地震中，在被压埋的期间里，要想方设法寻找食物以维持生命。俗话说："饥不择食。"被困时若要生存，只能这样做。唐山地震时这类例子相当多。例如，有个小孩抱着枕头被压在废墟里，饿极了的时候，就用枕头里的高粱花充饥，一直坚持到获救。有一位居民被压埋后，靠饮用床下一盆未倒的洗脚水而生存下来。

一般情况下，被压在废墟里的人听外面的声音比较清楚，而外面的人对废墟里面发出的声音则不容易听见。因此，要保持体力，只有听到外面有人时再呼喊，或敲击废墟中的管道、瓦砾等一切能使外界听到的物体，争取获救的机会。

积极而有秩序地开展互救活动

互救是指灾区幸免于难的人员对亲人、邻里和一切被埋压人员的救助。因为震后被埋压的时间越短，被救者的存活率越高。外界救灾队伍不可能立即赶到救灾现场，在这种情况下，为使更多被埋压在废墟下的人员获得宝贵的生命，灾区群众应积极投入互救，是减轻人员伤亡最及时、最有效的办法，也体现了"救人于危难之中"的崇高美德。因此，在外援队伍到来之前，家庭和邻里之间应当自动组织起来，积极而有秩序地开展互救活动：

应当先抢救建筑物边沿瓦砾中的幸存者和那些容易获救的幸存者；

先救青年人和轻伤者，后救其他人员；

先抢救近处的埋压者，后救较远的人员；

先抢救医院、学校、旅馆等"人员密集"地方的人员。

抢救出来的轻伤幸存者，可以迅速充实扩大互救队伍，更合

理地展开救助活动。在救人过程千万要讲究科学，对埋压过久者，不应迅速使其暴露眼部和让其过急进食，对脊柱受伤者要专门处理，以免造成高位截瘫。救助被埋压人员要注意如下几点要领：

注意搜听被埋人员的呼喊、呻吟或敲击的声音。

根据房屋结构，先确定被埋人员位置，再行抢救，不要破坏了埋压人员所处空间周围的支撑条件，引起新的垮塌，使埋压人员再次遇险。

抢救被埋人员时，不可用利器刨挖等，首先应使其头部暴露，尽快疏通埋压人员的封闭空间，使新鲜空气流入，从虚墟中挖扒伤员。如尘土太大应喷水降尘，以免埋压者窒息。救出伤员后应迅速清除其口鼻内尘土再行抢救。

对埋在废墟中时间较长的幸存者，首先应补充其体力，提供饮料和食品，然后挖扒过程中注意保护幸存者的眼睛，不要让强光刺激。

对被压在废墟中颈椎和腰椎受伤人员，切忌生拉硬拽，要在暴露其全身后慢慢移出，用硬木板担架送到医疗点。

一息尚存的危重伤员，应尽可能在现场进行急救，然后迅速送往医疗点或医院。

正确应急，减小海啸的损失

海啸是一种具有强大破坏力、灾难性的海浪，通常由震源在海底下 50 千米以内、里氏震级 6.5 以上的海底地震引起。水下或沿岸山崩以及火山爆发也可能引起海啸。在一次震动之后，震荡波在海面上以不断扩大的圆圈，传播到很远的距离。

海啸在外海时由于水深，波浪起伏较小，不易引起注意，但

到达岸边浅水区时，巨大的能量使波浪骤然升高，形成内含极大能量、高达十几米甚至数十米的“水墙”，冲上陆地后所向披靡，往往造成对生命和财产的严重摧残。

海啸发生有两种形式：一是滨海、岛屿或海湾的海水反常退潮或河流没水，而后海水突然席卷而来、冲向陆地；二是海水陡涨，突然形成几十米高的水墙，伴随隆隆巨响涌向滨海陆地，而后海水又骤然退去。

一般地说，海啸是有一定的前兆的。比如：

海边的地面强烈震动——震动可能由海洋地震引起，这里不久可能发生海啸。因为地震波先于海啸到达近海岸，人们有时间及时避险。

潮汐突然反常涨落——海平面显著下降或有巨浪袭来时，必须以最快速度撤离岸边。

需要注意的是，海水异常退去时，往往把鱼虾等许多海生动物留在浅滩。此时千万不能去捡鱼或看热闹，必须迅速离开海岸，转移到内陆高处。

海啸发生时，一定要采取积极得体的应急措施：接到海啸警报应立即切断电源；关闭燃气。

应特别注意的是：不要因顾及财产损失而丧失逃生时间！

不幸落水时，不要乱挣扎，要尽量抓住木板等漂浮物，在漂流时人要避免与其他硬物碰撞；即使饥渴也不要喝海水；尽可能向其他落水者靠拢，积极互助、相互鼓励；尽力保存体力，以便在发现有可能被救的机会时及时呼救，使自己易于被救援者发现。

识别地震谣传，避免盲目行动

《防震减灾法》规定，我国对地震预报意见实行统一发布制度。

我国全国范围内的地震长期和中期预报意见，由国务院发布。省、自治区、直辖市行政区域内的地震预报意见，由省、自治区、直辖市人民政府按照国务院规定的程序发布。

除发表本人或者本单位对长期、中期地震活动趋势的研究成果及进行相关学术交流外，任何单位和个人不得向社会散布地震预测意见。任何单位和个人不得向社会散布地震预报意见及其评审结果。

相对于地震预报的科学性，地震谣传是指不是由官方发布的、没有任何科学依据的所谓某时某地将要发生地震的传言。地震谣传具有很大的危害性，一场范围较大的地震谣传，造成的经济损失可能不亚于一个破坏性地震。

一个人具备了一定的防震减灾常识和科学分析能力，就能识别地震谣传，从而避免盲目行动，以免造成不必要的损失。主要从以下三个方面识别地震谣传：

(1) 是否具有科学性

那些明显违反科学原理，且带有浓厚的迷信色彩的"地震消息"必为地震谣传。例如，"某月某日某时刻将在某地发生某级地震"的说法肯定是地震谣传。因为当前地震预报水平，不可能对地震做出如此准确的临震预报。又如，"地牛翻身"、闰年、闰月等说法，因带有明显的迷信色彩，也必为地震谣传。

(2) 是否符合我国地震预报规定和国际惯例

例如，“某某著名专家或研究机构预报的”，这种消息必为地震谣传。因为按我国有关规定，任何个人和机构都无权发布地震预报。又如，“某某之音”或其他外国报刊报道中国某地将发生大地震之类的消息，也肯定是谣传。因为联合国曾规定，任何国家都无权进行跨国地震预报。

(3) 是否属牵强附会或盲目猜疑

例如，有人将天气变化或自然界其他异常现象说成是将要发生大地震的前兆，这类传言也不可信。

核实地震谣传的办法，就是询问当地政府或地震管理部门，或查询地震部门网页信息公告，或收听收看广播电视等媒体信息公告。

有人看见或听说地震部门在做地震宣传或其他相关工作，就猜测可能要地震了，这种想法是错误的。让广大民众了解地震科普知识，提高减灾意识和能力，做好防震减灾宣传工作，在任何时期都是地震工作部门的职责，也是应该经常进行的活动，不能以此推测可能会有地震。

在听到地震谣传时，要把握如下原则：

一是不要轻易相信；二是不能传播；三是要及时报告。当听到地震传闻时，要及时向当地政府和地震部门反映，积极协助地震部门平息谣传。

做好家庭日常防震准备工作

为了应对随时可能发生的破坏性地震，树立“宁可千日不震，不可一日不防”的防灾观念是非常有必要的。每个家庭要根据自家的实际情况制订防震避震计划，为震时自救和互救创造条件。家庭防震的重点，要在平时做好准备，主要是保证震时和震后有条不紊地进行家庭的防震救灾，具体可参考如下建议：

（1）学习防灾减灾知识，掌握科学的避震知识和自防自救方法。

（2）平时就要制订家庭应急预案，明确躲避地点和逃生线路，分配每人震时的应急任务，以防手忙脚乱，耽误宝贵时间。

（3）确定避震地点和疏散路线，事先要实际体验，确保做到畅通无阻。约定遇到突发事件无法一起撤离的情况下，全家人汇集的地点。

（4）加固室内家具，清理杂物，特别是睡觉的地方，更要采取必要的防御措施。

（5）落实防火措施，防止炉子、煤气炉等震时翻倒；家中易燃物品要妥善保管；学习必要的防火、灭火知识。

（6）学会并掌握基本的医疗救护技能，如人工呼吸、止血、包扎、搬运伤员和护理方法等。

（7）适时进行家庭应急演习，以发现弥补避震措施中的不足之处和正确识别地震谣传。

（8）准备必要的防震应急物品。

为应对随时可能突发的地震，家中应备有防震应急包，主要放置重要物品、证件和生活必需品。(如下表)

家庭防震应急包参考配置表

类　别	要求和标准
水	不可缺少，非常重要！瓶装矿泉水或自己灌装的饮用水（及时更换）
食　品	1～2天的食品，如干果、饼干、罐头、巧克力等（按保质期及时更换）
常用药物和急救用品	消毒纱布和绷带、胶布（带）、创可贴、消炎药、扑热息痛、黄连素等常用药；食盐、体温计、小块肥皂、剪刀、小刀、别针、卫生纸等物品。常用药品最好装在密封的容器内。液体药物应密封在容器内，外加塑料袋封好
手电筒和应急灯	最好是高能碱性电池（要及时更换）
收音机	袖珍收音机及备用电池，以收听震情及救灾情况
塑料布、塑料袋	塑料布、塑料袋可防潮保温，小塑料袋可处理人体废弃物
优质手套	自救、互救时使用
哨子	吹哨子可以帮助救援人员发现你
工具	钳子、改锥等，在自救、互救时使用
其他必备用品	纸、笔；重要的通讯簿；重要证件的复印件；血型证明；适量现金

二

积极减轻和避免地质灾害

地质灾害包括自然因素或者人为活动引发，危害人民生命和财产安全的山体崩塌、滑坡、泥石流、地面塌陷、地裂缝、地面沉降等与地质作用有关的灾害。据国土资源部发布的消息，2012 年 1~10 月，我国共发生地质灾害 14203 起。其中，滑坡 10841 起、崩塌 2050 起、泥石流 920 起、地面塌陷 316 起、地裂缝 55 起、地面沉降 21 起；造成人员伤亡的地质灾害有 136 起，共导致 290 人死亡、83 人失踪、256 人受伤；造成直接经济损失 52.3 亿元。

减轻灾害不仅是一个复杂的自然科学问题，也是一个极其严肃的社会科学问题，要动员全体民众的共同参与。对地质灾害的发生：有准备和无准备大不一样；有意识和无意识大不一样；懂防灾减灾知识和毫无常识大不一样。

青少年最有可能接触的地质灾害类型

所谓地质灾害，是指在自然或者人为因素的作用下形成的，对人类生命财产、环境造成破坏和损失的地质作用（现象）。其主要类型有：崩塌、滑坡、泥石流、水土流失、地面塌陷和沉降、地裂缝、土地沙漠化等。严格地讲，火山、地震其实也属于地质灾害。这几种类型的地质灾害除了相互区别外，常常还具有相互联系、相互转化和不可分割的密切关系。

对青少年而言，最可能接触的地质灾害主要是滑坡、泥石流和崩塌灾害。

（1）滑坡灾害

滑坡是指斜坡上某一部分岩土在重力（包括岩土本身重力及地下水的动静压力）作用下，沿着一定的软弱结构面（带）产生剪切位移，而整体地向斜坡下方移动的作用和现象（如下图）。

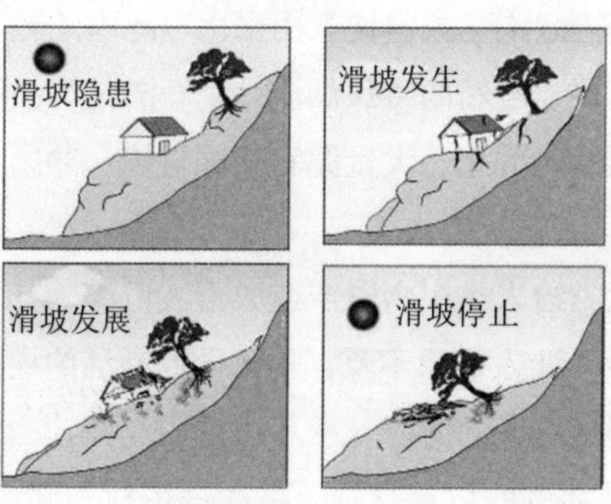

滑坡发展过程示意图

滑坡不仅造成一定范围内的人员伤亡、财产损失，还会对附近道路交通造成严重威胁。比如，2001 年 5 月 1 日 20 时 30 分左右，重庆市武隆县县城仙女路西段发生山体滑坡，一幢 9 层居民楼被垮塌的岩石掩埋，造成 79 人死亡。

在暴雨季节，有些山体长时间被雨水浸泡，表面山石和泥土松动后容易产生山体滑坡。但也有的滑坡是因滥采滥伐造成水土流失或过度开采等人为因素而引起。人类的工程、建筑等活动对自然的破坏，是造成滑坡灾害的因素之一。

比如，在斜坡上通过堆填的方式兴建住宅楼、重型工厂等使斜坡失去平衡；引、排水工程浸溢漏水，工业废水、农业用水大量渗入坡体，从而加大孔隙压力，使土石软化松动；开挖坡脚修建铁路、公路，使坡体下部失去支撑；坡地的滥采滥伐以及劈山采矿的爆破等，会使山坡水土流失、山体振动岩石破碎，诱发滑坡；忽视水渠、水库的堤坝管理，使水大量浸渗入山体中引起土石松动等等。

(2) 泥石流灾害

泥石流是山区沟谷或斜坡上由暴雨、冰雪消融等引发的含有大量泥沙、石块、巨石的特殊洪流。泥石流常与山洪相伴，其来势凶猛，在很短时间里，大量泥石横冲直撞，冲出沟外，并在沟口堆积起来。

泥石流常常给人类生命财产造成重大危害。其发生往往是突然性的，发生时让人措手不及，常会导致混乱的局面。人们盲目地逃生可能导致更大的伤亡。

泥石流最常见的危害之一，是冲进乡村、城镇，摧毁房屋、工厂、企事业单位及其他场所设施，淹没人畜、毁坏土地，甚至造成村毁人亡的灾难。泥石流还可能直接埋没车站，铁路、公路，

摧毁路基、桥涵等设施，致使交通中断，还可能引起正在运行的火车、汽车颠覆，造成重大的人身伤亡事故。有时泥石流汇入河道，引起河道大幅度改变，间接毁坏公路、铁路及其他构筑物，甚至迫使道路改线，造成巨大的经济损失。此外，泥石流对水利、水电工程、矿山等也可能造成很大的危害。

泥石流的形成，其自然因素与地质构造和降雨有密切的关系。在地势陡峭、泥沙和石块等堆积物较多的沟谷，每遇暴雨或长时间的连续降雨，就容易形成泥石流。从人为因素来看，主要由于不合理的开发，如滥砍乱伐林木，山坡失去植被保护；修建公路、铁路、水渠等工程时，破坏了山坡表层，不合理的采石、开矿、破坏了地层结构等，都会导致人为泥石流的发生。

（3）崩塌灾害

崩塌（崩落、垮塌或塌方）是较陡斜坡上的岩土体在重力作用下突然脱离母体崩落、滚动、堆积在坡脚（或沟谷）的地质现象。

由于岩体裂隙的出现发展常不被人们所注意，崩塌的前兆不明显，因而其突发性较强，给人类社会带来危害。崩塌发生后，又会出现新的陡峭临空面，在外力和重力作用下，新的裂缝延伸扩展，崩塌现象可能再次发生，形成连发性的崩塌现象。由于崩塌现象是突然发生的并且速度快、强度大，所以对附近的建筑物常可造成巨大的危害的损失。

崩塌的成因类型多而复杂，按其动力成因大致可分为自然因素、人为因素以及由上述两因素叠加而成的综合因素三大类。在自然作用下，常见的巨大岩土体，以垂直节理或裂隙与稳定岩体分开，随着节理、裂隙的不断加深和坡脚不断冲刷淘蚀，在长期重力的作用下，当岩土体逐渐向外倾斜，或者遇较大水平力作用时，即产生崩塌。除重力作用外，连续大雨渗入岩土体的节理、裂隙中，所产生的静水压力、动水压力以及雨水软化软弱面，也可能导致崩塌的发生。

在人为因素作用下，由于人工切坡过高过陡，破坏了斜坡原有的稳定性结构，致使下部岩体被剪断而产生崩塌，或土体被淘缺而产生崩塌。

断层是控制常见地质灾害分布的重要因素

地壳岩层因受力达到一定强度而发生破裂，并沿破裂面有明显相对移动的构造称断层。在地貌上，大的断层常常形成裂谷和陡崖，如著名的东非大裂谷、中国华山北坡大断崖。

断层是构造运动中广泛发育的构造形态。它大小不一、规模不等，小的不足一米，大到数百、上千千米。但都破坏了岩层的连续性和完整性。在断层带上往往岩石破碎，易被风化侵蚀。沿断层线常常发育为沟谷，有时出现泉或湖泊。

地震往往是由断层活动引起，地震又可能造成新的断层发生，所以地震与断层的关系十分密切。

有关学者发现，对地质灾害形成根源的深入研究，不可不考虑断层等构造因素，尤其是活动断层，它不仅是地震、地裂缝等重大灾害的罪魁祸首，也是控制崩塌、滑坡、泥石流等常见地质灾害分布的重要因素。

工程意义上的活动断层，是指晚更新世（12 万年左右）以来有活动的断层。这些断层在我国大陆内部广泛分布，尤其在中国西部地区，活断层规模大、活动性强，造成了严重的地质灾害。与活断层相关的地质灾害可分为活断层快速活动灾害、活断层缓

慢活动灾害、活断层次生灾害三种类型。

断层快速活动会形成地震。地震灾害主要表现为地表破裂、崩塌、滑坡、砂土液化等。如2001年昆仑山口西8.1级地震，切割地表400多公里，沿山脊、水系位错，鼓包、裂缝纵横，造成输油管线破裂、通讯光缆中断，曾正在施工的青藏铁路也遭受严重破坏。有关学者的考察研究发现，此次地震的发生与东昆仑活动断裂带关系非常密切。

断层缓慢活动造成地表变形。最典型的断层缓慢活动（断层蠕滑）的例子是美国西部的圣安德烈斯断层。而在我国，断层缓慢活动造成地表变形现象中最常见的为地裂缝。虽然地裂缝的成因复杂，但其与构造的相关性不可忽视。

活断层次生灾害指由于断层活动造成的可能会利于灾害形成的地质、地貌条件。如断层破碎带、节理带、断层陡坝及崩积物等均利于滑坡、泥石流的发生。藏东—川西地区，是中国大陆内部断裂活动最强烈的地区之一，区内频繁发生的地质灾害，是川藏公路畅通率极低的主要原因之一。

为了减轻地震灾害，建设工程时应该避让活断层。在近年发生的历次大地震中，研究人员发现，断层带上的房屋倒塌、人员伤亡情况严重；但断层带以外的情况就好得多。建房时避开这些断层带，就可有效防震。

目前，“别把房子盖在断层上”已成为一个科学常识。已探明的城市地下活动断层，可建成市区绿化带、草地公园、河流景观等等，既保证了安全，又美化了环境。

滑坡的识别和判断

滑坡是指斜坡上不稳定的大量松散土体或岩体，沿着一定的滑动面向下作整体滑动的一种地质现象。地表水（特别是大的洪水）和地下水作用、地震及人为不合理工程活动对斜坡岩、土体稳定性的破坏，常是促使滑坡发生的主要原因。我国的滑坡灾害的类型和分布具有明显的区域性特点。比如西南地区（含云南、四川、西藏、贵州等省（区））是滑坡分布的主要地区。该地区滑坡的类型多、规模大、发生频繁、分布广泛、危害严重，已经成为影响国民经济发展和人身安全的危险因素之一。

由于所处地质环境和引起的原因不同，滑坡的速度也不相同，有的是缓慢的，有的是突发的、速度较快，有的呈周期性。

滑坡常发生在雨季中或春季冰雪融化时。滑坡的地点，主要是山谷坡地、海洋、湖泊、水库、渠道和河流的岸坡以及露天采矿场所等。

（1）滑坡前的异常现象

不同类型、不同性质、不同特点的滑坡，在滑动之前，均会表现出不同的异常现象，显示出滑坡的预兆：

大滑动之前，在滑坡前缘坡脚处，有堵塞多年的泉水复活现象，或者出现泉水（水井）突然干枯、井（钻孔）水位突变等类似的异常现象。

在滑坡体中、前部出现横向及纵向放射状裂缝。它反映了滑坡体向前推挤并受到阻碍，已进入临滑状态。

大滑动之前，在滑坡体前缘坡脚处，土体出现上隆（凸起）

现象。这是滑坡向前推挤的明显迹象。

大滑动之前，有岩石开裂或被剪切挤压的音响；这种迹象反映了深部变形与破裂。动物对此十分敏感，有异常反应。

滑动之前，滑坡体四周岩体（上体）会出现小型坍塌和松弛现象。

如果在滑坡体上有长期位移观测资料，那么大滑动之前，无论是水平位移量还是垂直位移量，均会出现加速变化的趋势，这是明显的临滑迹象。

滑坡后缘的裂缝急剧扩展，并从裂缝中冒出热气（或冷风）……

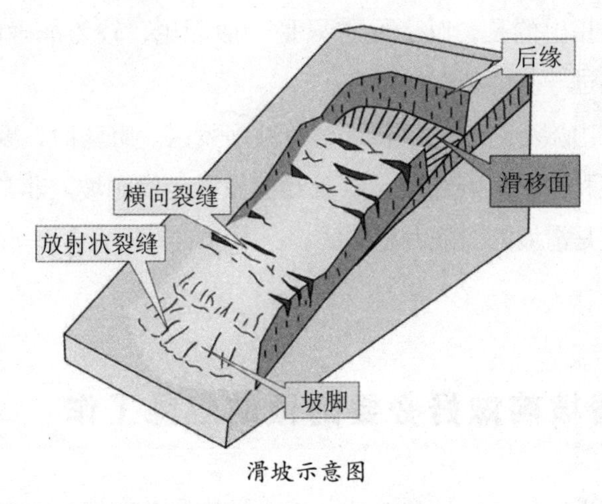

滑坡示意图

(2) 如何用肉眼识别滑坡是否稳定

在野外，从宏观角度观察滑坡体，可以根据一些外表迹象和特征，粗略地判断它的稳定性如何。

已稳定的堆积层老滑坡体有以下特征：后壁较高，长满了树木，找不到擦痕，且十分稳定；滑坡平台宽、大，且已夷平，土体密实无沉陷现象；滑坡前缘的斜坡较缓，上体密实，长满树木，无松散坍塌现象，前缘迎河部分有被河水冲刷过的迹象；前的河水已远离滑坡舌部，甚至在舌部外已有漫滩、阶地分布；滑坡体两侧的自然冲刷沟切割很深，甚至已达基岩；滑坡体舌部的坡脚有清晰的泉水流出等等。

不稳定的滑坡常具有下列迹象：滑坡体表面总体坡度较陡，而且延伸较长，坡面高、低不平；有滑坡平台，面积不大，且有向下缓倾和未夷平现象；滑坡表面有泉水、湿地，且有新生冲沟；滑坡体表面有不均匀沉陷的局部平台，参差不齐；滑坡前缘土石松散，小型坍塌时有发生，并面临河、水冲刷的危险；滑坡体上无巨大直立树木。

需要指出的是，以上标志只是一般而论，较为准确的判断，还需做出进一步的观察和研究。

在外出旅游时，一定要远离滑坡多发区。野营时，要避开陡峭的悬崖和沟壑；野营时，要避开植被稀少的山坡。非常潮湿的山坡，也是滑坡的可能发生地区。

滑坡前做好必要的预防应急工作

除了充分认识滑坡的危害，努力识别和判断滑坡，积极做好必要的防范和滑坡前的准备工作也是非常必要的。

选择安全稳定地段建设村庄、构筑房舍，是防止滑坡危害的重要措施。村庄的选址是否安全，应通过专门的地质灾害危险性评估来确定。在村庄规划建设过程中合理利用土地，居民住宅和学校等重要建筑物，必须避开危险性评估指出的可能遭受滑坡危害的地段。

在建房、修路、整地、挖砂采石、取土过程中，不能随意开

挖坡脚，特别是不要在房前屋后随意开挖坡脚。如果必须开挖，应事先向专业技术人员咨询并得到同意后，或在技术人员现场指导下，方能开挖。坡脚开挖后，应根据需要砌筑维持边坡稳定的挡墙，墙体上要留足排水孔；当坡体为粘性土时，还应在排水孔内侧设置反滤层，以保证排水孔不被阻塞，充分发挥排水功效。

对采矿、采石、修路、挖塘过程中形成的废石、废土，不能随意顺坡堆放，特别是不能在房屋的上方斜坡地段堆弃废土。当废弃土石量较大时，必须设置专门的堆弃场地。较理想的处理方法是：把废土堆放与整地造田结合起来，使废土、废石得到合理利用。

水对可能产生滑坡的影响十分显著。日常生产、生活中，要防止农田灌溉、乡镇企业生产、居民生活引水渠道的渗漏，尤其是渠道经过土质山坡时更要避免渠水渗漏。一旦发现渠道渗漏，应立即停水修复。对生产、生活中产生的废水要合理排放，不要让废水四处漫流或在低洼处积水成塘。面对村庄的山坡上方最好不要修建水塘，降雨形成的积水应及时排干。

同时，还要采取积极主动的措施治理滑坡。滑坡的防治要贯彻“及早发现，预防为主；查明情况，综合治理；力求根治，不留后患”的原则，结合边坡失稳的因素和滑坡形成的内外部条件，治理滑坡可以从以下两个大的方面着手：

一是消除和减轻地表水和地下水的危害。

滑坡的发生常和水的作用有密切的关系，水的作用，往往是引起滑坡的主要因素。因此，消除和减轻水对边坡的危害尤其重要。其目的是：降低孔隙水压力和动水压力，防止岩土体的软化及溶蚀分解，消除或减小水的冲刷和浪击作用。

具体做法有：防止外围地表水进入滑坡区，可在滑坡边界修截水沟；在滑坡区内，可在坡面修筑排水沟。在覆盖层上可用浆

砌片石或人造植被铺盖，防止地表水下渗。对于岩质边坡，还可用喷混凝土护面或挂钢筋网喷混凝土。

排除地下水的措施很多，应根据边坡的地质结构特征和水文地质条件加以选择。常用的方法有：水平钻孔疏干；垂直孔排水；竖井抽水；隧洞疏干；支撑盲沟。

二是改善边坡岩土体的力学强度。

通过一定的工程技术措施，改善边坡岩土体的力学强度，提高其抗滑力，减小滑动力。常用的措施有：

削坡减载——用降低坡高或放缓坡角，来改善边坡的稳定性。削坡设计应尽量削减不稳定岩土体的高度，而阻滑部分岩土体不应削减。

边坡人工加固——常用的方法有：修筑挡土墙、护墙等支挡不稳定岩体；钢筋混凝土抗滑桩或钢筋桩作为阻滑支撑工程；预应力锚杆或锚索，适用于加固有裂隙或软弱结构面的岩质边坡；固结灌浆或电化学加固法加强边坡岩体或土体的强度等等。

为了避免突然滑坡造成巨大的损失，还应及时检查处于潜在滑坡区的房屋及周围物体的变化：

检查房屋地下室的墙上是否存有裂缝、裂纹；

观察房屋周围的电线杆是否有向一方倾斜的现象；

查看房屋附近的柏油马路是否已发生变形。

如果出现上述现象，就要加密观察，认真核实，做到未雨绸缪、有备无患。

目前，如何做到准确预防和彻底控制滑坡的发生，仍是当前摆在全世界地质工作者面前的艰巨任务。

遇到滑坡时如何避难逃生

当遇到滑坡正在发生时，首先应镇静，不可惊慌失措，积极采取必要措施，安全而迅速地撤离出危险区域。如果有组织，就要听从统一安排，不要自择路线。

当处在滑处体上时，首先应保持冷静，不能慌乱。慌乱不仅浪费时间，而且极可能做出错误的决定，从一个危险区跑到另一个危险区。

要迅速环顾四周，向较为安全的地段撤离。一般除高速滑坡外，只要行动迅速，都有可能逃离危险区段。跑离时，以向两侧跑为最佳方向。在向下滑动的山坡中，向上或向下跑都是很危险的。

在确保安全的情况下，选择撤离的安全地段离原居住处越近越好，交通、水、电越方便越好。

当遇到无法跑离的高速滑坡时，也不能慌乱，在一定条件下，如滑坡呈整体滑动时，原地不动，或抱住大树等物，不失为一种有效的自救措施。

最好能躲避在结实的障碍物下，或蹲在地坎、地沟里。应注意保护好头部，可利用身边的衣物裹住头部。

滑坡时，极易造成人员受伤。当有人受伤时，应拨打“110”，呼救“120”，及时报警，并寻求急救中心的援助。

滑坡停止后，不应立刻回家检查情况。因为滑坡会连续发生，贸然回家，从而遭到第二次滑坡的侵害。只有当滑坡已经过去，并且自家的房屋远离滑坡，确认完好安全后，方可进入。

泥石流的形成条件和基本规律

泥石流的形成，必须同时具备有三个基本条件：丰富的松散固体物质、短时间内有大量水的来源和有一定坡度的利于集水集物的沟状地形。形成泥石流的地形一般为山高坡陡，沟床纵坡大，汇流区地形有利于大量水源汇集，而且多为碎屑岩、浅变岩质及花岗岩石风化强烈的地区。泥石流的形成与降雨的关系密切，降雨越大，形成泥石流的概率就越高。人类工程活动也是诱发泥石流的因素之一。

泥石流的发生往往是有一定规律的。

我国泥石流的暴发主要受连续降雨、暴雨，尤其是特大暴雨等集中降雨的激发。因此，泥石流发生的时间规律是与集中降雨时间规律相一致的，具有明显的季节性。一般发生于多雨的夏秋季节。具体的月份在我国的不同地区，因集中降雨的时间差异而有所不同。四川、云南所处的西南地区的降雨多集中在 6～9 月，因此，西南地区的泥石流多发生于 6～9 月；而西北地区的降雨多集中在 6～8 月，尤其是 7～8 月降雨集中，暴发强度大，因此西北地区的泥石流多发生在 7～8 月。据不完全统计，发生在这两个月的泥石流灾害，约占全部泥石流灾害的 90%以上。

泥石流发生受雨洪、地震的影响，而雨洪、地震总是周期性地出现，因此泥石流的活动周期与雨洪、地震的活动周期大体一致。当雨洪、地震的活动周期叠加时，常常形成一个泥石流活动周期的高潮。

泥石流的发生，一般是在一次降雨的高峰期，或是连续降雨稍后。

泥石流常与滑坡、崩塌伴生，构成一个山地地质灾害群。泥石流具有暴发时山谷雷鸣，浑浊的泥石流体沿着山坡沟谷前推后拥，冲刷沟底，摧毁前进中的一切障碍物，常在几分钟或几小时内，将几十万甚至几百万立方米的泥沙石块带出山外，造成巨大灾害。

在形成泥石流的三大要素中，地形条件及松散固体物质储量是影响泥石流形成、发展及规模的因素之一。在实践中，一般从以下三个方面判断泥石流的形成条件：

一是物源依据。泥石流的形成，必须有一定量的松散土、石参与。所以，沟谷两侧山体破碎、疏散物质数量较多，沟谷两边滑坡、垮塌现象明显，植被不发育，水土流失、坡面侵蚀作用强烈的沟谷，易发生泥石流。

二是地形地貌依据。能够汇集较大水量、保持较高水流速度的沟谷，才能容纳、搬运大量的土、石。沟谷上游三面环山、山坡陡峻，沟域平面形态呈漏斗状、勺状、树叶状，中游山谷狭窄、下游沟口地势开阔，沟谷上、下游高差大于 300 米，沟谷两侧斜坡坡度大于 25 度的地形条件，有利于泥石流的形成。

三是水源依据。水为泥石流的形成提供了动力条件。局地暴雨多发区域，有溃坝危险的水库、塘坝下游，冰雪季节性消融区，具备在短时间内产生大量流水的条件，有利于泥石流的形成。其中，局地性暴雨多发区，泥石流发生频率最高。

如果一条沟在物源、地形、水源三个方面都有利于泥石流的形成，这条沟就一定是泥石流沟。但泥石流发生频率、规模大小、粘稠程度，会随着上述因素的变化而发生变化。

已经发生过泥石流的沟谷，以后仍有发生泥石流的危险。由于泥石流给当地群众带来了严重损失，他们会对该事件会留下深刻的记忆。可以通过访问、座谈等形式了解过去发生泥石流的情况，可以确认泥石流沟的存在。

泥石流灾害的防范措施

泥石流是沟河谷中洪水引发的携带大量泥沙碎石等固体物质的快速流体，具有很强的冲击力和破坏性。防范泥石流，主要注意以下几点：

首先，要努力改善生态环境。泥石流的产生和活动程度与生态环境质量有密切关系。一般来说，生态环境好的区域，泥石流发生的频度低、影响范围小；生态环境差的区域，泥石流发生频度高、危害范围大。提高小流域植被覆盖率，在村庄附近营造一定规模的防护林，不仅可以抑制泥石流形成、降低泥石流发生频率，而且即使发生泥石流，也多了一道保护生命财产安全的屏障。

房屋尽量不要建在沟口、沟道上。受自然条件限制，很多村庄建在山麓扇形地上。山麓扇形地是历史泥石流活动的见证，从长远的观点看，山区的绝大多数沟谷今后都有发生泥石流的可能。因此，在村庄规划建设过程中，房屋不能占据泄水沟道，也不宜离沟岸过近；已经占据沟道的房屋，应迁移到安全地带。在沟道两侧修筑防护堤和营造防护林，可以避免或减轻因泥石流溢出沟槽而对两岸居民造成的伤害。

不能把冲沟当作垃圾排放场。在冲沟中随意弃土、弃渣、堆放垃圾，将给泥石流的发生提供固体物源、促进泥石流的活动。当弃土、弃渣量很大时，可能在沟谷中形成堆积坝，堆积坝溃决时必然发生泥石流。因此，在雨季到来之前，最好能主动清除沟道中的障碍物，保证沟道有良好的泄洪能力。

目前国家制订的泥石流的防治方案和方法主要有以下几种：

一是以抑制泥石流发生为主的方案。政府采取蓄、引水工程、

植树造林等，控制形成泥石流的水源和松散固体物质的聚积和启动，以行政管理、法令措施消除激发泥石流的人为因素，从而在源头上抑制泥石流的发生。

二是以疏导泥石流过境为主的方案。政府采取拦挡、排导、疏通等河道改造工程，调节泥石流流量、消减龙头能量，促使泥石流分流或解体，拦挡泥石中石块，降低其冲击力，从而控制通过保护区河道的泥石流流量、流速、使其顺利过境，而不危及两岸保护区的安全。

三是以避让泥石流危害为主的方案。在泥石流发生前，采取预防措施；发生过程中采取警报措施，并对危害原保护对象采取临时加固、撤离等措施，使泥石流过境时灾害损失减少至最低。

四是综合防治方案。政府针对被保护目标的性质和重要性，采取工程、生物、预警、行政等措施对泥石流进行抑制、疏导、局部避让等综合措施，以求达到最佳治理效果和节省投资。

泥石流多发区居民，要注意自己的生活环境，熟悉逃生路线。要注意政府部门的预警和泥石流的发生前兆，在灾害发生前互相通知、及时准备。

个人在路经山谷地带，留心观察周围环境情况，如道路两旁植被遭严重破坏，又突遇暴雨，要迅速转移至安全的地方，切勿停留。

要留意泥石流发生前的征兆。在大量降雨后，仔细听听从附近山谷是否传来打雷般的声响。如果有，需立即考虑采取避险措施。

如遭遇泥石流，要立即选择与泥石流垂直的方向沿两侧山坡往上爬，爬得越快、越高，越安全。切记不要顺泥石流方向往下跑。

如果在山区旅游时，不幸遇上泥石流，不要惊慌，可遵循规律采取以下应急避险措施：

沿山谷徒步时，一旦遭遇大雨，要迅速转移到附近安全的高地。离山谷越远越好，不要在谷底过多停留。长时间降雨或暴雨渐小之后或雨刚停，不能马上返回危险区。泥石流常滞后于降雨暴发。

要选择平整的高地作为营地，尽可能避开有滚石和大量堆积物的山坡下面，不要在山谷和河沟底部扎营。

发现泥石流后，选择最短最安全的路径向沟谷两侧山坡或高地跑，切忌顺着泥石流前进方向奔跑；不要停留在坡度大、土层厚的凹处；不要上树躲避，因泥石流可扫除沿途一切障碍；要避开河（沟）道弯曲的凹岸或地方狭小高度又低的凸岸；不要躲在陡峻山体下，防止坡面泥石流或崩塌的发生。

旅游出行前要了解目的地天气状况。前往山区沟谷旅游，一定事先要了解当地的近期天气实况和未来数日的天气预报及地质灾害气象预报。应尽量避免大雨天或连续阴雨天前往这些景区旅游，如恰逢恶劣天气，宁可蒙受经济损失、调整旅游路线，也不可贸然前往。

还应注意的是，山区降雨普遍具有局地性特点，沟谷下游是晴天，沟谷的上游不一定也是晴天，“一山分四季，十里不同天”就是群众对山区气候变化无常的生动描述。因此，即使在雨季的晴天，同样也要提防泥石流灾害。

诱发崩塌的主要自然因素

崩塌灾害遍布我国的各省（区、市）。西南、西北分布广、规模大；东部山地分布较多，但规模小，已经构成灾害的数以十

万计。

地震、融雪、降雨、地表水的冲刷、浸泡等等，都是诱发崩塌的主要自然因素。

地震引起坡体晃动，破坏坡体平衡，从而诱发崩塌；融雪、降雨，特别是大雨、暴雨和长时间的连续降雨，使地表水渗入坡体，软化岩、土及其中软弱面，产生孔隙水压力等，从而诱发崩塌；河流等地表水体不断地冲刷坡脚或浸泡坡脚，削弱坡体支撑，或软化岩、土，降低坡体强度，也能诱发崩塌。另外，冻胀、昼夜温差变化等也会诱发崩塌。

很多人类活动也可能诱发崩塌。比如采掘矿产资源。我国在过度采掘矿产资源活动过程中出现崩塌的例子很多。有露天采矿场边坡崩塌的，也有地下采矿形成采空区引起地表崩塌的。较常见的采矿崩塌有如煤矿、铁矿、磷矿、石膏矿、粘土矿等。

道路工程边坡开挖。修筑铁路、公路时，开挖过坡切割了外倾的或缓倾的软弱地层，加之大爆破对边坡强烈震动，有时削坡过陡都可以起崩塌。

水库蓄水与渠道渗漏。这里，主要是水的侵润和软化作用，库水在岩体（土体）中的静水压力、动水压力，可能导致崩塌发生。

堆（弃）渣、填土。在可能发生崩塌的地段不适当的堆渣、弃渣、填土，等于给可能的崩塌体增加了荷载，从而可能诱发崩塌。

强烈的机械震动。如火车机车行进中的震动、工厂锻轧机械震动均可起诱发作用。

准确识别可能的崩塌体，对于防灾减灾是很有意义的。通常，可能发生崩塌的坡体在宏观上有如下特征：

坡度大于 45 度，且高差较大，或坡体成孤立山嘴，或为凹形

陡坡；

坡体内部裂隙发育，尤其是垂直和平行斜坡延伸方向的陡裂缝发育，或顺坡裂隙发育，坡体上部已有拉张裂缝发育，并且切割坡体的裂隙、裂缝即将贯通，使之与母体（山体）形成分离之势；

坡体前部存在临空空间，或有崩塌物发育，这说明曾经发生过崩塌，今后可能再次发生。

具备上述特征的坡体，即是可能发生的崩塌体。尤其当上部拉张裂缝不断扩展、加宽并速度突增，小型坠落不断发生时，预示着崩塌处于一触即发状态，必须认真提防，做好相应的防御工作。

崩塌灾害的防范措施

为了有效地防御崩塌，尽可能地减轻灾害损失。根据崩塌的形成特点，可采取以下措施：

一是防御措施。主动撤离危险地区、躲避，防御措施以避为主，通过调查、规划，在崩塌影响范围内，居民应迁移搬走；铁路、公路、渠道等基础设施应绕道改线。

二是防护措施。采用遮拦建筑物，对崩塌活动的岩土体进行消能拦挡，限制崩塌体的运动速度；同时对建筑物进行遮拦，隔离崩塌体与受灾体。主要措施有：

清除危岩，对局部裂隙大、分割面明显的岩土，用人工或小爆破清除。

在坡面危石、活石坍落严重的地方，采用山坡拦石沟、拦石桩、障桩、落石沟、落石槽、落石平台、护坡、护墙，以及栏石

墙（混凝土拦石墙、笼式拦石墙、钢轨拦石墙、钢管拦石墙），拦石网，遮挡明沟，棚洞等。

三是改造地质条件、环境措施。如对地质体、结构面强化改造、加固、岩土体表面处理，采用嵌补，支顶、插别、灌浆勾缝等结合措施，局部加固，通过增加摩阻力，减少重力影响形成的变形破坏力，改善力学平衡条件。

提高崩塌体和稳定性方法主要有：头部削方减载、削坡降低坡度、坡脚堆载、支挡、锚固反压、掏空回填支撑等等。

四是地质环境条件的改造。

可采用抛石护坡、防护堤、挡土墙、导水墙、丁坝、拦砂坝等，对水域边岸崩塌体坡脚防护；排干崩塌体范围的地表水塘和集水洼地积水并进行改造，封闭地表裂缝，对易入渗地段进行坡面防渗，增加植被；还可采用地下防渗及地下排水工程。

崩塌滑坡防治是一项系统工程，包括宣传、监测、预报、预防等内容，只有组织起社会各方面的力量，统一规划，群策群防，共同努力，有机配合，正常运转，才能达到预防目的。

崩塌滑坡灾害在大规模崩、滑前，往往事先有前兆，在此种情况下，有关部门应尽早制定好险区人民疏散、撤离计划，以防造成混乱而发生不必要的人员伤亡事故。

认真准备和防御气象灾害

近年来，全球气候变暖，大气环流异常，极端天气频生。天气变化不循常理出牌的“坏脾气”，大有演变成常态之势。中国是世界上气象灾害发生十分频繁、危害严重的国家之一。北京等地的特大暴雨等所造成的严重危害提醒我们，“几十年不遇”甚至“百年不遇”的极端天气，离我们并不遥远。社会经济的发展并不能阻止极端天气发生，相反，人类活动还可能加剧致灾程度——尤其是当预防与应急能力本身存在短板甚至漏洞时。我们虽然不能阻止气象灾害的发生，但是可以积极进行预报，采取科学有效的预防措施，才不至于在突发的自然灾害来临时惊慌失措。

地球的气候为什么能一直保持着相对稳定

人们常常惊异于地球气候的变幻莫测。其实，使科学家们更困惑不解的，恰恰是这个问题的反面：地球的气候为什么能一直保持着相对稳定，为人类创造出适宜的生存环境?

科学家们指出，地球的气候在火与冰之间保持着一种微妙的平衡。之所以说它微妙，因为如果地球稍微靠近或稍微远离太阳一点儿，后果都是不堪设想的。

如果地球靠太阳近了一点儿，那么海洋水温就会逐渐升高，大量水蒸汽就会蒸发到大气层里。水蒸汽产生的屏壁作用就会使热无法进入太空。这样，地球就会越来越热，地球上的碳酸盐在高热中就会释放出大量的二氧化碳，而二氧化碳造成的温室效应更加剧了气温的升高，最后，地球就会变得像金星一样。我们地球的这位紧邻，就是因为被主要由二氧化碳组成的大气层紧裹着，表面温度高达 480℃，使得生物无法生存。

反过来，如果地球的位置离开太阳稍微远一点儿，由于气温降低，南极的冰逐渐向北移动；加拿大、欧洲、西伯利亚也都会被冰雪覆盖。这些冰雪把大量太阳光反射回太空，使得地球越来越冷，冰层逐渐向赤道延伸，最后，地球将会变成了一个大冰球。

所幸，这些都是假设。地质学家通过分析几十亿年以前的海洋微生物化石，证明了地球气候在 46 亿年的历史中一直保持大体稳定。虽然地球的运行轨道经常发生微小的、周期性的变化，这种变化可能陷一切生物于灭顶之灾。但是灾难终于没有发生，其中的原因，科学至今还无法提供准确答案。

有人认为，地球上生物之所以没有灭绝，完全出于偶然，天文学家不同意这种看法。他们从另一个角度探讨了气候稳定之谜，认为，太阳虽然是一颗比较稳定的恒星，但是它同许多同类一样，随着年龄的增长，也在逐渐变热。比如说，太阳现在要比地球诞生时增热了40％。那么，在不断变热的太阳下面，地球的气温是怎么保持稳定的？如果地球现在的气温是适宜的，那么数十亿年前，在比较“冷”的太阳下，海洋应该是结冰的，但事实并非如此。要是那时海洋里就是液态水，为什么今天的太阳增热了40％，却没有把地球变成第2个金星呢？有些生物学家拥护这样一个理论：地球年轻时，空气中二氧化碳的含量要比现在多得多。正是这些二氧化碳造成的温室效应，使地球没有“冷却”。如果这种大气环境万古不变，那么最终这个温室会失去平衡，就像在金星上一样（有证据表明金星诞生时也有像我们这样的海洋）。但是我们很幸运，大约20亿年前，一些蓝绿色的海藻开始吸收大气中的二氧化碳，并把它们转化成为有机碳化合物。这就是我们所说的光合作用。在这以后的漫长年代里，随着海藻和它们的后代的繁衍进化，不断减少着大气中二氧化碳的水平，而这种二氧化碳减少的速度，正好和太阳变暖的速度同步。因此，生物学家说，正是生命本身挽救了地球上的生命。

当然，这个理论只是一个猜测，远未得到证明。

造成气候异常的可能原因是什么

气候异常的原因是什么？今后地球气候将向何处去？这是人们普遍关心的问题。但是限于目前世界科学的水平，要做出肯定的回答，还为时过早。科学家们依据不同的理论，做出了以下几种推测：

(1) 太阳是气候变化的根本原因

太阳是人类生命之源，地球98%的热量都是由太阳供给的。如果说，太阳上一有风吹草动，地球上就会天翻地覆，并不算夸张。太阳，虽说光芒万丈，但是它的能量却是在不断地变化着，变化的原因主要是由于太阳黑子的活动。太阳黑子的活动每隔一段时间，就要出现一个高峰，这段时间称为太阳峰年。在太阳峰年期间，太阳释放出的能量比平时增加1%还多。太阳能量的微小变化，足以使地球气候改观。美国科学家利用放射性碳测定出，在过去5千年里，太阳一共出现过12次黑子的大变化，这12次大变化，无不伴随着全球性气候的改变。例如，在1645～1715年间，太阳黑子几乎完全消失，历史记载表明，这70年间，全世界气温普遍降低，泰晤士河屡次冰冻。后来的气象学家称这个时期为“小冰纪”。又例如，在1400～1510年间，太阳黑子活动剧烈，全球气温升高，今天冰天雪地的格陵兰岛当时却是一片葱绿，被称为“绿色的土地”，北欧人大批移居该岛。后来，由于太阳黑子的变化，暖气候很快过去，严寒紧跟着降临，岛上的移民死亡殆尽。

(2) 受火山爆发的影响

有人认为，气候异常与火山爆发有着密切的关系。因为火山喷出的烟雾和灰尘，在大气层中先是形成了一个羽毛状的、高达十几英里的火山云，而后又被高空风在半空中拉成一个大帐幕，挡住了一部分太阳光。

在历史上，也有因火山爆发而改变气候的记载。1815年，印度尼西亚的坦博拉火山爆发，喷出的7百亿吨物质形成了一块巨大的火山云。到了第二年，欧洲就出现了低温和潮湿气候，使农

业受到了巨大损失；美国东北部则六月降大雪，八月遇奇寒。1816 年成了历史上著名的无夏之年。

(3) 气候的变化是自然规律

一年当中，地球的气候有四季冷暖的变化。人们对此已经习以为常。1975 年，美国国家航空和宇宙航行局的科学家发现，地球的气候不仅有周期一年的四季变化，而且有周期达几千年的冷暖变化。他们认为，这后一种变化是由于地球围绕太阳运行轨道的逐渐改变引起的。平均每过 4000～5000 年，地球就要度过一个相对温暖的时期。

这些科学家认为，现在人们所认为的正常气候，实际上是不正常的暖气候。类似 20 世纪头 80 年的暖气候，在过去的 50 万年中只占一万年。这些科学家预计，在不太远的将来，人类将会遇到反复无常的气候，而在未来几千年里，气候变化的总趋势将是越来越冷。

(4) 温室效应在增长

另有一种观点——温室效应观点，与上述的观点相对立。这种观点认为，造成地球气候变化的原因，是由于人口的增加和工业的发展，煤、石油、天然气等有机燃料的消耗急剧增加，释放出大量的二氧化碳，就像塑料育秧薄膜一样，笼罩了地球，产生了温室效应。

工业革命之初，大气中二氧化碳的含量是百万分之三百。今天，这个比例已上升到百万分之三百三十。有人估计，到公元 2050 年，这个比例可能上升到百万分之六百。

大气中二氧化碳含量过高，会产生什么样后果呢？目前有两种说法：一种说法是，可能会阻挡太阳光对地球的照射；另一种

说法是，可能会屏蔽地球热量向外层空间逸出。也就是说，我们这个世界既可能因为接受太阳光太少而变冷，又可能因为热量散发不出去而变热。

到目前为止，科学家们还没有拿到温室效应改变地球气候的确切证据。据推测，南、北半球越来越大的温度差异，可能与温室效应有关。南半球比较温暖，其中一个原因是，海洋大部分在南半球，洋面不吸热，不覆盖冰雪。另一个原因就是，北半球工业发达，污染严重，大气中二氧化碳含量高，透射的太阳光少，所以气温较低。

人类对于地球气候的认识，目前还处于探索阶段，所以难免众说纷纭，莫衷一是。

“厄尔尼诺”现象是怎么回事

“厄尔尼诺”一词来源于西班牙语，原意是“圣子”，表示在圣诞节前后秘鲁和厄瓜多尔沿海海水的增温。“厄尔尼诺”现象是指南美赤道附近（约北纬4°至南纬4°，西经150°至90°之间）幅度数千公里的海水带的异常增温现象。

原来，太平洋洋面并不是完全水平的。在南半球的太平洋上，由于强劲的东南信风向西北横扫，将海水也由东南向西推动，结果是位于澳大利亚附近的洋面要比南美地区的洋面高出约50厘米。与此同时，南美沿岸大洋下部的冷水不停上翻，给这里的鱼类和水鸟等海洋生物输送大量养料。

令人不解的是，每隔数年，这种正常的良性环流便被打破。一向强劲的东南信风渐渐变弱，甚至可能倒转为西风。而东太平洋沿岸的冷水上翻也会势头减弱或完全消失。于是，太平洋上层的海水温度便迅速上升，并且向东回流。这股上升的厄尔尼诺洋流导致东太平洋海面比正常海平面升高二三十厘米，温度则升高2～5℃。这种异常升温转而又给大气加热，引起难以预测的气候反常。例如，厄尔尼诺曾使南部非洲、印尼和澳大利亚遭受过空前未有的旱灾，同时带给秘鲁、厄瓜多尔和美国加州的则是暴雨、洪水和泥石流。那次厄尔尼诺效应造成了1500余人丧生和80亿美元的物质损失。

关于厄尔尼诺现象的成因，迄今科学家们尚未找到准确的答案。有人认为，可能是太平洋底火山爆发或地壳断裂喷涌出来的熔岩的加热作用造成洋流变暖，进而导致信风转弱和逆转。另有人则推断，也许是因为地球自转的年际速度不均造成的。他们说，每当地球自转的年际速度由加速度不均造成的。他们认为，每当地球自转的年际速度由加速变为减速之后，便会发生厄尔尼诺现象。

令人忧虑的是，厄尔尼诺现象的出现越来越频繁。原来认为5年、7年乃至10年来临一次，后来又以3～7年为周期出现。但进入20世纪90年代以来，似乎每两三年就降临一次。

尽管厄尔尼诺的成因尚未查清，但人类并未在它面前听天由命、无所作为。经过努力，科学家已经尝试成功地提前预报厄尔尼诺现象的来临，并积极探索温室效应与厄尔尼诺现象之间的联系。可以预言，人类终将能解开这一肆虐人类的大自然之谜，并找出办法，避免它的危害。

影响天气的重要因素——云是怎么产生的

云是天气的重要要素，是天气预报的主要对象之一，也是影响大气运动和地球大气系统能量平衡的重要因素。

大气中水汽凝结，就产生云雾，但是云、雾又有不同。雾是近地层大气发生冷却而产生的凝结现象，大量细小水滴或冰晶悬浮在近地层大气中，其底部贴近地面。云是由于空气上升运动而发生在高空的水汽凝结现象，云的底部是脱离地面的。

可见，只要大气中有充分的水汽，并有一定力量推动空气产生上升运动，上升气流就会冷却而发生凝结现象，产生许多悬浮的小水滴和冰晶，于是形成各种各样的云。不过，上升运动有不同情况，大气中的云也就有不同的形状。

在地表受热不均匀的情况下，某地面受热剧烈，其上面空气膨胀上升，周围冷而重的空气便下降补充，这就是对流上升运动。在高层大气强烈降温的情况下，也可以促使地面湿热而轻的低层空气上升，使水汽冷却凝结成云，地方性云多在这种情况下发生。这是一种热力上升运动。

有时候，当冷空气来到暖湿地区，或暖湿气流来到冷干地区，暖湿气流比较轻，冷干气流比较重，所以冷干气流从下层楔入，暖湿气流被迫抬升。或者是暖湿气流在运动中受山脉阻挡，气流就只好沿着山坡被迫上升，这两种上升称为动力抬升运动。

有时候，热力和动力两种上升运动同时存在，在山的迎风坡，热力对流和地形强迫抬升就可能相继发生，上升运动可以十分剧烈。

热力对流上升运动常常导致积状云形成。积状云的云底和凝结高度一致，对流运动超过这一高度，就有凝结过程产生，开始形成淡积云。对流发展强盛，云体迅速增大，就形成为浓积云。对流发展愈演愈烈，云体继续增大，上层直达对流层顶，形成积雨云。

动力作用往往使整层空气抬升，形成大范围的层状云。例如，当冷暖空气相遇时形成锋面，暖空气沿锋面滑升，这时候云底沿

锋面倾斜，云顶却近于水平。这样，在锋面的不同部位，云高、云厚和云状都有很大差别，在冷空气一侧，先是卷云，依次是卷层云、高层云，靠近暖空气一侧是雨层云。

这些云是伴随着某一天气系统而出现的，是具有一定规律性的云系统。上面讲的云系属于暖锋云系，如果是冷锋到来，云系的次序基本上相反。由于云系具有一定规律，可以指示冷暖空气的移动。

暴雨的类型和预警信号分级

大气中的水汽几乎全部集中于对流层中，温度越高，大气可以容纳的水汽含量就越多；反之，就越少。一定温度下，当空气不可容纳更多的水汽时，称为饱和空气。当饱和空气中的水汽和温度相匹配时，不会出现水汽凝结现象；但当空气达到过饱和状态时，则会产生多余的水汽并发生水汽凝结。最终形成雨、雪、雹等降雨天气。

降雨按等级分为：小雨、中雨、大雨和暴雨等。其中的暴雨常常对我们的生活产生一定的不利影响。.

暴雨是指降水强度很大的雨，常在积雨云中形成。气象上规定，每小时降雨量 16 毫米以上、或连续 12 小时降雨量 30 毫米以上、24 小时降水量为 50 毫米或以上的雨称为“暴雨”。按其降水强度大小又分为三个等级：24 小时降水量为 50～99.9 毫米称“暴雨”；100～249.9 毫米之间为“大暴雨”；250 毫米以上称“特大暴雨”。但由于各地降水和地形特点不同，所以各地暴雨洪涝的标准也有所不同。

中国是多暴雨的国家，除西北个别省区外，几乎都有暴雨出

现。冬季暴雨局限在华南沿海，4～6 月间，华南地区暴雨频频发生。6～7 月间，长江中下游常有持续性暴雨出现，历时长、面积广、暴雨量也大。7～8 月是北方各省的主要暴雨季节，暴雨强度很大。8～10 月雨带又逐渐南撤。夏秋之后，东海和南海台风暴雨十分活跃，台风暴雨的点雨量往往很大。中国属于季风气候，从晚春到盛夏，北方冷空气且战且退。冷暖空气频繁交汇，形成一场场暴雨。

在实践中，按照发生和影响范围的大小将暴雨划分为：局地暴雨、区域性暴雨、大范围暴雨、特大范围暴雨。

局地暴雨历时仅几个小时或几十个小时左右，一般会影响几十至几千平方千米，造成的危害较轻。但当降雨强度极大时，也可造成严重的人员伤亡和财产损失。

区域性暴雨一般可持续 3～7 天，影响范围可达 10～20 万平方千米或更大，灾情为一般，但有时因降雨强度极强，可能造成区域性的严重暴雨洪涝灾害。

特大范围暴雨历时最长，一般都是多个地区内连续多次暴雨组合，降雨可断断续续地持续 1～3 个月左右，雨带长时期维持。

特大暴雨是一种灾害性天气，往往造成洪涝灾害和严重的水土流失，导致工程失事、堤防溃决和农作物被淹等重大的经济损失。特别是对于一些地势低洼、地形闭塞的地区，雨水不能迅速宣泄造成农田积水和土壤水分过度饱和，会造成更多的灾害。

为了减轻暴雨灾害，保护人民生命财产安全，根据有关规定，气象部门会根据实际情况发布暴雨预警，以提醒人们采取适当的防御措施。

暴雨预警信号分三级，分别以黄色、橙色、红色表示。

(1) 暴雨黄色预警信号

暴雨黄色预警信号意味着：6 小时降雨量将达 50 毫米以上，或者已达 50 毫米以上且降雨可能持续。

黄色预警信号防御指南：

要特别关注天气变化，采取防御措施；

收盖露天晾晒物品，相关单位做好低洼、易受淹地区的排水防涝工作；

驾驶人员应注意道路积水和交通阻塞，确保安全；

检查农田、鱼塘排水系统，降低易淹鱼塘水位。

(2) 暴雨橙色预警信号

暴雨橙色预警信号意味着：3 小时降雨量将达 50 毫米以上，或者已达 50 毫米以上且降雨可能持续。

橙色预警信号防御指南：

暂停在空旷地方的户外作业，尽可能停留在室内或者安全场所避雨；

相关应急处置部门和抢险单位加强值班，密切监视灾情，切断低洼地带有危险的室外电源，落实应对措施；

交通管理部门应对积水地区实行交通引导或管制；

转移危险地带以及危房居民到安全场所避雨；

其他注意事项同暴雨黄色预警信号。

(3) 暴雨红色预警信号

暴雨红色预警信号意味着：3 小时降雨量将达 100 毫米以上，或者已达 100 毫米以上且降雨可能持续。

红色预警信号防御指南：

人员应留在安全处所，户外人员应立即到安全的地方暂避；

相关应急处置部门和抢险单位随时准备启动抢险应急方案；

已有上学学生和上班人员的学校、幼儿园以及其他有关单位应采取专门的保护措施，处于危险地带的单位应停课、停业，立即转移到安全的地方暂避；

其他注意事项同暴雨橙色预警信号。

暴雨的防范和应对措施

为了避免和减轻因暴雨可能造成的损失，对普通居民个人来说，应考虑采取如下一些具体预防应对措施：

地势低洼的居民住宅区，可因地制宜采取“小包围”措施，如砌围墙、在大门口放置挡水板、配置小型抽水泵等；

平时不要将垃圾、杂物等丢入下水道，以防堵塞，造成暴雨时积水成灾；

河道是城市中重要的排水通道，不要随意倾倒垃圾及废弃物，以防淤塞；

楼房底层居民家中的电器插座、开关等，应移装在离地 1 米以上的安全地方，一旦室外积水漫进屋内，应及时切断电源，防止因触电而引起的伤害；

雨天应尽量避免户外活动，减少出行，如果雨天出行，尽量选择公共交通方式，减少自驾车出行。

如果一个人正走在路上，突然电闪雷鸣，天空一片黑暗，下起了大暴雨，该怎么办呢？这时千万不要慌张，如果周围有商店、银行、邮局、餐馆等公共场所，就尽快跑进去躲雨。千万不要站到大树下或者是靠近电线杆的地方；有金属架的地方也不能靠近。

要远离高耸的物体，如旗杆、烟囱。在积水中行走要注意观察，防止跌入窨井或坑、洞中。也不要在大雨中跑着回家，雨中视线不好，容易发生交通事故。

还要注意，如果打伞雨伞不要打得太低，雨衣的帽沿不要拉得太下，以免遮挡视线，发生意外。在没有避雨场所或雨具时，可双脚并拢蹲下，双臂抱膝，头部埋下，尽量降低身体高度。

如果暴雨停了，也不要走有积水的路，以防踩到积水下的一些危险的物，如断落的电线、尖锐物体，甚至是掉进无盖的下水井。

平时要注意天气预报，早做准备，如果预先知道要下大雨，可以事先穿好雨鞋或胶底鞋，雨衣或雨伞尽量买颜色鲜艳的，这有助于引起别人的注意，减少交通事故。

了解雷电的产生和危害

雷电是不可避免的自然灾害。地球上任何时候都有雷电在活动。据统计，地球上每秒钟就有 1800 次雷雨，其中伴随 600 次闪电，闪电中有 100 个炸雷直击地面，造成建筑物、发电、通信和影视设备等受到破坏，会引起火灾，毙伤人、畜，每年因雷电灾害造成的经济损失约 10 亿美元，死亡 3000 人以上。

雷电是发生在大气层中的一种声、光、电的气象现象，是在雷、雨、云内部及雷、雨、云之间或是在雷、雨、云与大地之间产生的放电现象，雷电灾害是联合国公布的 10 种最严重的自然灾害之一。随着城市在扩大，楼房在增高，电脑、网络及各种家用电器的广泛普及，雷电灾害也在悄然走进城市。雷击时的电压在 1～1.5 亿伏特之间，雷击形成的瞬间电流可达 20～25 万安培，

因此雷电对人体的危害要比触电严重的多。

我国是一个雷电灾害频发的国家。1992年6月22日，雷电居然找上了我国国家气象中心的大门。那天，国家气象中心计算机室遭到雷电打击后，大型与小型计算机突然中断，6条北京同步线路和1条国际同步线路被击断，另有一些计算机终端、微机等设备严重受损，中断工作46个小时，造成严重经济损失。1996年7月10日，湖北省随州市黄坑体育场内正在踢足球的12名青年集体遭到雷电袭击，当场死亡2人，6人重伤。2012年7月21日的北京特大暴雨中，也有人员因雷击死亡。

那么雷电是怎样形成的呢?

雷电是自然界大气中的一种放电现象，它产生于积雨云形成的过程中。由于太阳的辐射作用大气的低层气温比较高，热对流使得空气产生上升运动。空气在上升过程中，其中的水汽就会不断冷却而凝结为小水滴，形成不停地向上翻滚的云团。积雨云进一步发展，云中的小水滴和冰晶粒子在气流的作用下就上下运动，在相互碰撞过程中它们会吸附空气中游离的正离子或负离子，这样水滴和冰晶也就分别带有正电荷或负电荷了。这些正负电荷，各自会不断地大量聚集，而且会越集越多。在积雨云中，有一部分积聚的是正电荷；另一部分积聚的是负电荷。一般情况下正电荷集中在云的上层，而负电荷集中在底层。这样在云内和云与云之间或者云与大地之间，就会产生电位差，而当电位差到达一定程度时，就会发生猛烈的放电现象，这就是雷电形成的过程。

雷电电荷在传导放电的过程中，产生很强的雷电电流，一般会达到几十千安培，有时会达到几百千安培。雷电电流会将空气击穿成一个枝状的放电通道，出现的火光就是闪电。另外，在放电通道中空气突然加热到20000℃以上，这比太阳表面的温度还

要高。空气体积的骤然膨胀形成爆炸的冲击波导，爆炸时产生的声音就是轰隆的雷声。

如何避免雷击事故的发生

狂风、暴雨和乌云覆盖，可能是云地闪电即将来临的征兆。判断何时雷暴将到达，最简单方法是：当看到闪电时，通过计算看见闪电与听到雷声的间隔时间长短，来判断其你所处位置与落雷的距离。由于光速比声速大约快 100 万倍，所以，在闪电与伴随的雷声之间，会有一定的时间差。如果看见闪电后和听见雷声之间，时间间隔 5 秒钟，表示雷击发生在离自己约 1.5 公里左右的位置；如果是 1 秒钟，也就是一眨眼的时间就听见雷声，说明雷击位置就在你附近 300 米左右。当遇到雷暴天气时，你可以记住每次听到雷声与看见闪电的时间间隔是越来越长，还是越来越短，以此来判断雷暴是逐渐远离而去，还是即将遭受雷击，从而采取一定的防范措施。

为了避免或减少雷击事故的发生，我们要在事前，掌握一些雷电常识，主动采取措施，这是非常重要的。

雷击几乎是不可避免的自然灾害之一，但采取与不采取措施及措施是否科学，其结果大不相同。比如，某地农民正在田里收花生，突然雷雨交加，几个男农民跑到附近岩洞躲雨，安然无恙。而 7 个妇女因带有塑料薄膜，便就地垒起雨棚避雨，结果，均被雷击中全身冒烟，其中 6 人当场死亡。

为了避免和减少雷击的伤害，掌握一些预防雷击的常识是非常必要的。

人在野外遇到雷雨天气时，尽量不在雷雨中行走；非走不可

时，速度要慢些，行走步幅要小些。雷电期间，最好不要骑马、骑自行车和摩托车；不要携带金属物体在露天行走；不要靠近避雷设备的任何部分。

在户外最好以装有避雷针的、钢架的或钢盘混凝土建筑物，作为避雷场所，具有完整金属车厢的车辆也可以利用（如在汽车里，应把车门关好）；在野外也可躲在较大的山洞里。

如果找不到掩蔽所时，千万不要靠近空旷地带或山顶上的孤树，这里最易受到雷击；不要待在高树林子的边缘或电线、旗杆的周围和干草堆、帐篷等无避雷设备的高大物体附近，也不要靠近铁轨、长金属栏杆和其他庞大的金属物体，山顶、制高点等场所也不能停留。

如找不到合适的避雷场所时，应采用尽量降低重心和减少人体与地面的接触面积，可蹲下，双脚并拢，手放膝上，身向前屈，千万不要躺在地上、壕沟或土坑里，如能披上雨衣，防雷效果就更好。在野外的人群，无论是运动的，还是静止的，都应拉开几米的距离，不要挤在一起。

在河湖中的人，要尽快离开水面；正在划船的，应尽快上岸；不要待在开阔的水域和小船上；如用塑料布顶在头上避雨时，应避免兜水，因为水和金属是易导电的。

雷雨天气中，如果正好在室内，如无特殊需要，不要外出，在雷到来之前，应关好门窗，防止因室内湿度大而引起导电现象；遇有雷雨应把电视机关掉，电吹风等电器也应停止使用，并拔掉电源插头；尽量不要使用电话、手机；不要靠近暖气片、金属管道及门窗；尽量远离电线、电话线、广播线；如果飞机安装电线及金属管道，暂停工作；不要穿潮湿的衣服，不要靠近潮湿的墙壁。

此外，还应在平时做好预防雷击的工作。凡高大的建筑物，

如高楼、烟囱、铁塔、旗杆、电视机室外天线等，都应装上避雷针，并经常检查其是否确实有效。

台风的等级和类型

台风又称飓风，形成于赤道海洋附近的热带气旋。飓风常常行进数千公里，横扫多个国家，造成巨大损失。

地球上风灾最严重的是加勒比海地区、孟加拉湾、中国、菲律宾，其次是中美洲、美国、日本、印度；南大西洋受台风的影响最小。其原因在于，风源多出自印度洋、太平洋、大西洋的热带海域。

据统计，全球每年约产生风力达 8 级以上的热带气旋 80 多个，死亡人数约 2 万，经济损失超过 80 亿美元。历史上造成死亡人数达 10 万以上的飓风灾难就达 8 次。20 世纪最大的飓风灾难发生在孟加拉：1970 年 11 月 12 日，飓风夹带风暴潮席卷孟加拉，30 万人死亡，28 万头牛、50 万只家禽死亡，经济损失无法计量。

1999 年 9 月，“弗洛伊德”飓风袭击美国东部地区，造成至少 47 人死亡，自 9 月 14 日在美国东南部沿海登陆后，一路北上，先后袭击了佛罗里达、佐治亚、南卡罗来纳、北卡罗来纳、纽约等州及首都华盛顿，造成了严重的人员伤亡和财产损失。风速最高达每小时约 200 公里，2 天后降至每小时 100 公里以下，已转变为热带风暴。“弗洛伊德”飓风所过之处，普降暴雨，造成许多地方被淹，民房受损，交通停顿，供电中断，人们的工作和生活受到严重影响。在南卡罗来纳、北卡罗来纳、新泽西和弗吉尼亚州，飓风共造成 150 万户人家停电。新泽西州及华盛顿、巴尔的摩、费城和纽约等市的公立学校普遍停课，300 万学生不能上学。此

外，航班停飞，火车停运，造成数万名旅客滞留。在华盛顿，不少联邦政府部门只留值班人员，国会众议院的会议也推迟举行，许多活动被迫取消。

根据风速的不同，台风可分为如下几种等级和类型：

超强台风——底层中心附近最大平均风速≥51.0 米/秒，也即16级或以上。

强台风——底层中心附近最大平均风速 41.5～50.9 米/秒，也即 14～15 级。

台风——底层中心附近最大平均风速 32.7～41.4 米/秒，也即 12～13 级。

强热带风暴——底层中心附近最大平均风速 24.5～32.6 米/秒，也即风力 10～11 级。

热带风暴——底层中心附近最大平均风速 17.2～24.4 米/秒，也即风力 8～9 级。

热带低压——底层中心附近最大平均风速 10.8～17.1 米/秒，也即风力为 6～7 级。

台风的形成条件

在热带海洋面上经常有许多弱小的热带涡旋，我们称它们为台风的“胚胎”，因为台风总是由这种弱的热带涡旋发展成长起来的。一般说来，一个台风的发生，需要具备以下几个基本条件：

(1) 要有足够广阔的热带洋面

这个洋面不仅要求海水表面温度要高于 26.5℃，而且在 60 米深的一层海水里，水温都要超过这个数值。其中广阔的洋面是形成台风时的必要自然环境，因为台风内部空气分子间的摩擦，每天平均要消耗 3100～4000 卡/厘米^2 的能量，这个巨大的能量只有广阔的热带海洋释放出的潜热才可能供应。另外，热带气旋周围旋转的强风，会引起中心附近的海水翻腾，在气压降得很低的台风中心，甚至可以造成海洋表面向上涌起，继而又向四周散开，于是海水从台风中心向四周围翻腾。台风里这种海水翻腾现象能影响到 60 米的深度。在海水温度低于 26.5℃的海洋面上，因热能不够，台风很难维持。为了确保在这种翻腾作用过程中，海面温度始终在 26.5℃以上，这个暖水层必须有 60 米左右的厚度。

（2）在台风形成之前，预先要有一个弱的热带涡旋存在

我们知道，任何一部机器的运转，都要消耗能量，这就要有能量来源。台风也是一部“热机”，它以如此巨大的规模和速度在那里转动，要消耗大量的能量，因此要有能量来源。台风的能量是来自热带海洋上方的水汽。在一个事先已经存在的热带涡旋里，涡旋内的气压比四周低，周围的空气挟带大量的水汽流向涡旋中心，并在涡旋区内产生向上运动，湿空气上升，水汽凝结，释放出巨大的凝结潜热，才能促使台风这部大机器运转。所以，即使有了高温高湿的热带洋面供应水汽，如果没有空气强烈上升，产生凝结释放潜热过程，台风也不可能形成。所以，空气的上升运动是生成和维持台风的一个重要因素。然而，其必要条件则是先存在一个弱的热带涡旋。

（3）要有足够大的地球自转偏向力

因为赤道的地转偏向力为零，而向两极逐渐增大，因此，台风发生地点大约离开赤道 5 个纬度以上。由于地球的自转，便产生了一个使空气流向改变的力，称为“地球自转偏向力”。在旋转

的地球上，地球自转的作用使周围空气很难直接流进低气压，而是沿着低气压的中心作逆时针方向旋转（在北半球）。

（4）在弱低压上方，高低空之间的风向风速差别要小

在这种情况下，上下层空气柱都在运动，高层空气中热量容易积聚，从而增暖。气旋一旦生成，在摩擦层以上的环境气流将沿等压线流动，高层增暖作用也就能进一步完成。在北纬 20°以北地区，气候条件发生了变化，主要是高层风很大，不利于增暖，台风不易出现。

就整个地球而言，有寒冷的北极，炎热的赤道，可知地球温度的分布不均匀。空气的温度高，其密度小，其气压就低。空气的温度低，其密度大，其气压就高。因为地球上空气的密度不均匀，故发生空气流动的现象。

在台风季节时，热带海洋上的空气又热又湿，空气受热上升，上升的热空气凝结成水滴时，且放热出热量，这又助长了低层空气不断上升。上升的气流在地球自转所产生的偏向旋转。在赤道以北，台风转向以逆时钟方向旋转，这样就形成了台风（如下图）。

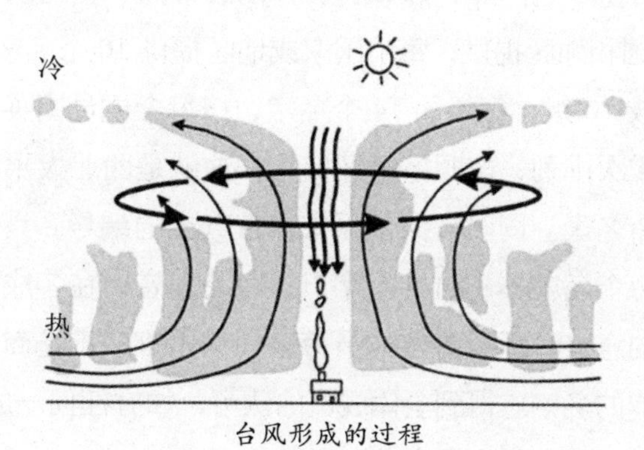

台风形成的过程

上面所讲的只是台风产生的必要条件，具备这些条件，不等于就有台风发生。台风发生是一个复杂的过程，至今尚未彻底搞清楚。

台风是怎样命名和编号的

人们对台风的命名始于20世纪初，据说，首次给台风命名的是20世纪早期的一个澳大利亚预报员，他把热带气旋取名为他不喜欢的政治人物，借此，气象员就可以公开地戏称它。而在西北太平洋，正式以人名为台风命名始于1945年，开始时只用女人名，以后据说因受到女权主义者的反对，从1979年开始，用一个男人名和一个女人名交替使用。直到1997年11月25日至12月1日，在香港举行的世界气象组织（简称WMO）台风委员会第30次会议决定，西北太平洋和南海的热带气旋采用具有亚洲风格的名字命名，并决定从2000年1月1日起开始使用新的命名方法。新的命名方法是，事先制订的一个命名表，然后按顺序年复一年地循环重复使用。命名表共有140个名字，分别由WMO所属的亚太地区的柬埔寨、中国、朝鲜、香港、日本、老挝、澳门、马来西亚、密克罗尼西亚、菲律宾、韩国、泰国、美国以及越南等14个成员国和地区提供，每个国家或地区提供10个名字。这140个名字分成10组，每组的14个名字，按每个成员国英文名称的字母顺序依次排列，按顺序循环使用，这就是西北太平洋和南海热带气旋命名表。同时，保留原有热带气旋的编号。具体的要求还包括：每个名字不超过9个字母；容易发音；在各成员语言中没有不好的意义；不会给各成员带来任何困难；不是商业机构的名字；选取的名字应得到全体成员的认可，如有任何一成员反对，这个名称就不能用作台风命名。

现在在台风命名表中已很少用人名，大多使用了动物、植物、食品等的名字，还有一些名字是某些形容词或美丽的传说，如玉

兔、悟空等。“杜鹃”这个名字是中国提供的，就是我们熟悉的杜鹃花；“科罗旺”是柬埔寨提供的，是一种树的名字；“莫拉克”是泰国提供的，意为绿宝石；“伊布都”是菲律宾提供的名字，意为烟囱或将雨水从屋顶排至水沟的水管。

台风的实际命名使用工作由日本气象厅东京区域专业气象中心负责，当日本气象厅将西北太平洋或南海上的热带气旋确定为热带风暴强度时，即根据列表给予名称，并同时给予一个四位数字的编号。编号中前两位为年份，后两位为热带风暴在该年生成的顺序。例如，0704，即2007年第4号热带风暴。

根据规定，一个热带气旋在其整个生命过程中无论加强或减弱，始终保持名字不变。如0704号热带风暴、强热带风暴和台风，其英文名均为“Man－Yi”，中文名为“万宜”。为避免一名多译造成的不必要的混乱，中国中央气象台和香港天文台、中国澳门地球物理暨气象台经过协商，已确定了一套统一的中文译名。

一般情况下，事先制定的命名表按顺序年复一年地循环重复使用，但遇到特殊情况，命名表也会做一些调整，如当某个台风造成了特别重大的灾害或人员伤亡而声名狼藉，成为公众知名的台风后，为了防止它与其他的台风同名，台风委员会成员可申请将其使用的名称从命名表中删去，也就是将这个名称永远命名给这次热带气旋，其他热带气旋不再使用这一名称。当某个台风的名称被从命名表中删除后，台风委员会将根据相关成员的提议，对热带气旋名称进行增补。

台风也有两面性

台风有很大的破坏力，但也有两面性，会使局部受灾，让大

面积受益。

台风的破坏力主要由强风、暴雨和风暴潮三个因素引起。

台风是一个巨大的能量库，其风速都在17米/秒以上，甚至在60米/秒以上。据测，当风力达到12级时，垂直于风向平面上每平方米风压可达230公斤。

台风是非常强的降雨系统。一次台风登陆，降雨中心一天之中可降下100～300毫米的大暴雨，甚至可达500～800毫米。台风暴雨造成的洪涝灾害，是最具危险性的灾害。台风暴雨强度大，洪水出现频率高，波及范围广，来势凶猛，破坏性极大。

台风时还会出现风暴潮。所谓风暴潮，就是当台风移向陆地时，由于台风的强风和低气压的作用，使海水向海岸方向强力堆积，潮位猛涨，水浪排山倒海般向海岸压去。强台风的风暴潮能使沿海水位上升5～6米。风暴潮与天文大潮高潮位相遇，产生高频率的潮位，导致潮水漫溢，海堤溃决，冲毁房屋和各类建筑设施，淹没城镇和农田，造成大量人员伤亡和财产损失。风暴潮还会造成海岸侵蚀，海水倒灌造成土地盐渍化等灾害。

台风在海上移动，会掀起巨浪，狂风暴雨接踵而来，对航行的船只可造成严重的威胁。当台风登陆时，狂风暴雨会给人们的生命财产造成巨大的损失，尤其对农业、建筑物的影响更大。

但是，台风也并非全给人类带来不幸，除了其“罪恶”的一面外，也有为人类造福的时候。对某些地区来说，如果没有台风，这些地区庄稼的生长、农业的丰收就不堪设想。西北太平洋的台风、西印度群岛的飓风和印度洋上的热带风暴，几乎占全球强的热带气旋总数的60%，给肥沃的土地上带来了丰沛的雨水，造成适宜的气候；台风降水是我国江南地区和东北诸省夏季雨量的主要来源；正是有了台风，才使珠江三角洲、两湖盆地和东北平原的旱情解除，确保农业丰收；也正是因为台风带来的大量降水，

才使许多大小水库蓄满雨水，水利发电机组能够正常运转，节省万吨原煤；在酷热的日子里，台风来临，凉风习习，还可以降温消暑。所以，有人认为台风是“使局部受灾，让大面积受益”，这不是没有道理的。

了解台风的预警信号分级和防范措施

影响中国沿海的台风每年大约有 20 个，其中的 7 个左右可能登陆。一般情况下，1～4 月，中国无台风登陆；5～6 月，中国杭州湾以南沿海均有受台风影响的可能；7～8 月，中国沿海均有受台风影响的可能；9～10 月，中国受台风影响的地区，主要在长江口以南；11～12 月，中国仅广东珠江口以西地区偶尔受台风影响。

华南沿海受台风袭击的频率最高，占全年总数的 60%，登陆的频数高达 58%；次为华东沿海，约 38%。登陆台风主要出现在 5～12 月，而以 7～9 月最多，约占全年总数的 76%，是台风侵袭中国的高频季节。

台风的强度随季节变化而有差异。最大风速大于 50 米/秒的特强台风出现次数的频率以 9 月份为最多，其次为 10 月，再次是 11 月和 8 月。

为了减轻台风灾害，保护人民生命财产安全，根据有关规定，气象部分会根据实际情况发布暴雨预警，以提醒人们采取适当的防御措施。

台风预警信号根据逼近时间和强度分四级，分别以蓝色、黄色、橙色和红色表示。

（1）台风蓝色预警信号

台风蓝色预警信号意味着：24 小时内可能受热带低压影响，平均风力可达 6 级以上或阵风 7 级以上；或者已经受热带低压影响，平均风力为 6～7 级或阵风 7～8 级并可能持续。

台风蓝色预警防御指南：

做好防风准备；

注意有关媒体报道的热带低压最新消息和有关防风通知；

把门窗、围板、棚架、临时搭建物等易被风吹动的搭建物固紧，妥善安置易受热带低压影响的室外物品。

（2）台风黄色预警信号

台风黄色预警信号意味着：24 小时内可能受热带风暴影响，平均风力可达 8 级以上或阵风 9 级以上；或者已经受热带风暴影响，平均风力为 8～9 级或阵风 9～10 级并可能持续。

台风黄色预警防御指南：

进入防风状态，建议幼儿园、托儿所停课；

关紧门窗，处于危险地带和危房中的居民以及船舶应到避风场所避风，通知高空、水上等户外作业人员停止作业，危险地带工作人员撤离；

切断霓虹灯招牌及危险的室外电源；

停止露天集体活动，立即疏散人员；

其他措失同台风蓝色预警信号。

（3）台风橙色预警信号

台风黄色预警信号意味着：12 小时内可能受强热带风暴影响，平均风力可达 10 级以上或阵风 11 级以上；或者已经受强热

带风暴影响，平均风力为10～11级或阵风11～12级并可能持续。

台风橙色预警防御指南：

进入紧急防风状态，建议中小学停课；

居民切勿随意外出，确保老人小孩留在家中最安全的地方；

相关应急处置部门和抢险单位加强值班，密切监视灾情，落实应对措施；

停止室内大型集会，立即疏散人员；

加固港口设施，防止船只走锚、搁浅和碰撞；

其他措失同台风黄色预警信号。

(4) 台风红色预警信号

台风红色预警信号意味着：6小时内可能或者已经受台风影响，平均风力可达12级以上或者已达12级以上并可能持续。

台风红色预警防御指南：

进入特别紧急防风状态，建议停业、停课（除特殊行业）；

人员应尽可能躲在防风安全的地方，相关应急处置部门和抢险单位随时准备启动抢险应急方案；

当台风中心经过时风力会减小或静止一段时间，切记强风将会突然吹袭，应继续留在安全处避风；

其他措失同台风橙色预警信号时的方法一致。

普通民众应密切关注媒体有关台风的报道，及时采取预防措施：

台风来临前，应准备好手电筒、收音机、食物、饮用水及常用药品等，以备急需。

关好门窗，检查门窗是否坚固；取下悬挂的东西；检查电路、炉火、煤气等设施是否安全。

将养在室外的动植物及其他物品移至室内，特别是要将楼顶

的杂物搬进来；室外易被吹动的东西要加固。

注意收听天气预报，不要去台风经过的地区旅游，更不要在台风影响期间到海滩游泳或驾船出海。

住在低洼地区和危房中的人员，要及时转移到安全住所。

及时清理排水管道，保持排水畅通。

台风来临时，千万不要在河、湖、海的路堤或桥上行走，不要在强风影响区域开车。

台风带来的暴雨容易引发洪水、山体滑坡、泥石流等灾害，一定要加强防范。

遇到危险时，请拨打当地政府的防灾电话求救。

了解龙卷风的形成过程和危害

龙卷风是一种强烈的、小范围的空气涡旋，是在极不稳定天气下由空气强烈对流运动而产生的，由雷暴云底伸展至地面的漏斗状云（龙卷）产生的强烈的旋风，其风力可达 12 级以上，最大可达 100 米/秒以上，一般伴有雷雨，有时也伴有冰雹。

龙卷风是一种伴随着高速旋转的漏斗状云柱的强风涡旋。龙卷风中心附近风速可达 100 米/秒～200 米/秒，最大 300 米/秒，比台风近中心最大风速大好几倍。中心气压很低，一般可低至 400 百帕，最低可达 200 百帕。它具有很大的吸吮作用，可把海（湖）水吸离海（湖）面，形成水柱，然后同云相接，俗称“龙取水”。由于龙卷风内部空气极为稀薄，导致温度急剧降低，促使水汽迅速凝结，这是形成漏斗云柱的重要原因。漏斗云柱的直径，平均只有 250 米左右。

龙卷风产生于强烈不稳定的积雨云中。它的形成与暖湿空气

强烈上升、冷空气南下、地形作用等有关。具体地说，龙卷风就是雷暴巨大能量中的一小部分在很小的区域内集中释放的一种形式。龙卷风的形成可以分为四个阶段：

首先，大气的不稳定性产生强烈的上升气流，由于急流中的最大过境气流的影响，它被进一步加强。

接着，由于与在垂直方向上速度和方向均有切变的风相互作用，上升气流在对流层的中部开始旋转，形成中尺度气旋。

然后，随着中尺度气旋向地面发展和向上伸展，它本身变细并增强。同时，一个小面积的增强辅合，即初生的龙卷在气旋内部形成，产生气旋的同样过程，形成龙卷核心。龙卷核心中的旋转与气旋中的不同，它的强度足以使龙卷一直伸展到地面。

最后，当发展的涡旋到达地面高度时，地面气压急剧下降，地面风速急剧上升，形成龙卷风。

龙卷风常发生于夏季的雷雨天气时，尤以下午至傍晚最为多见。袭击范围小，龙卷风的直径一般在十几米到数百米之间。龙卷风的生存时间一般只有几分钟，最长也不超过数小时。但其破坏力惊人，能把大树连根拔起，建筑物吹倒，或把部分地面物卷至空中。

龙卷风的力气也是很大的。1956 年 9 有 24 日上海曾发生过一次龙卷风，它轻而易举地把一个 220 吨重的大储油桶“举”到 15 米高的高空，再甩到 120 米以外的地方。

龙卷风对人类的威胁极大。1986 年 2 月 5 日，一场龙卷风不偏不倚地在美国休斯顿东北的胡克斯机场上空生成。它以“横扫千军如卷席”的威力，将机场上 300 多架大小型飞机吹得七零八落，在机场附近居住的居民及飞机场的工作人员死难者达 1000 多人。

1995 年在美国俄克拉何马州阿得莫尔市发生的一场陆龙卷，

诸如屋顶之类的重物被吹出几十英里之远。大多数碎片落在陆龙卷通道的左侧，按重量不等，常常有很明确的降落地带，较轻的碎片可能会飞到 300 多千米外才落地。

龙卷的袭击突然而猛烈，产生的风是地面上最强的。在美国，龙卷风每年造成的死亡人数仅次于雷电。它对建筑的破坏也相当严重，经常是毁灭性的。

在强烈龙卷风的袭击下，房子屋顶会像滑翔翼般飞起来。一旦屋顶被卷走后，房子的其他部分也会跟着崩解。因此，建筑房屋时，如果能加强房顶的稳固性，将有助于防止龙卷风过境时造成巨大损失。

龙卷风袭来时的安全应急常识

当龙卷风袭来的时候，能否求得生存，在很大程度上要靠个人的积极躲避。躲避得当，就能安然无恙；反之，则可能使自己的生命安全遭到威胁。

对普通市民来说，一旦遇上龙卷风，怎样才能死里逃生呢?

首先，必须对龙卷风的生成、特性有所了解。因为龙卷风的形成多与雷暴雨中强烈升降气流对流时产生的涡旋有关；另一方面，龙卷风多出现在盛夏季节的强大积雨云底部或春、夏急行过境的冷峰之前，或台风外围的云系里。所以，当暴风雨袭来的盛夏季节，应提高警惕，在龙卷风到来之前，必须依靠坚固的建筑物或天然屏障来保护自己。

居住在室内的人，当龙卷风袭来之前，一定要把窗子打开、使室内外气压相等，以此减少房屋倒塌的危险。

在龙卷风袭来时，在公共场所的人应服从指挥，向规定地点

疏散。理想的掩蔽所是建筑物的底层、底层走廊、地下室、防空洞和山洞。暴露在地上的一切活动必须停止，千万不可骑自行车、摩托车或利用高速交通工具躲闪龙卷风；应立即躲开活动房屋和活动物体，远离树木、电线杆、门、窗、外墙等一切易于移动的物体，并尽可能地利用钢盔、棉帽等东西保护好自己的头部。

在无固定结实的屏障处，则应立即平伏于地上，最好用手抓紧小而坚固、不会被卷走的物体或打入地下深埋的木桩等物体。在田野空旷处遇上龙卷风，应躲避在洼地处，但要注意防止被水淹或被空中坠物击中的可能。

了解常见的洪水类型和危害

洪水灾害往往是由河流湖泊和水库遭受暴雨侵袭引起洪水泛滥造成的，也可能是海底地震、飓风以及堤坝塌坍等而造成的。在狭窄的水道上、多山的峡谷地区、屏障后的建筑物附近，暴雨会很快引发汹涌的洪水，冲垮吞没所经之处的一切屏障。

洪水灾害是我国的重大气象灾害之一，除沙漠、极端干旱地区和高寒地区外，我国大约2/3的国土面积都存在着不同程度和不同类型的洪水灾害。

洪水常威胁沿河、滨湖、近海地区的安全，甚至造成淹没灾害。自古以来洪水给人类带来很多灾难，如黄河和恒河下游常泛滥成灾，造成重大损失。

洪水是一个十分复杂的灾害系统。因为它的诱发因素极为广泛，水系泛滥、风暴、地震、火山爆发、海啸等都可以引发洪水，甚至人为的也可以造成洪水泛滥。常见的洪水类型有：

雨洪水——在中低纬度地带，洪水的发生多由雨形成。大江大河的流域面积大，且有河网、湖泊和水库的调蓄，不同场次的雨在不同支流所形成的洪峰，汇集到干流时，各支流的洪水过程往往相互叠加，组成历时较长涨落较平缓的洪峰。小河的流域面积和河网的调蓄能力较小，一次雨就形成一次涨落迅猛的洪峰。

山洪——山区溪沟，由于地面和河床坡降都较陡，降雨后产流、汇流都较快，形成急剧涨落的洪峰。

泥石流——雨引起山坡或岸壁的崩坍，大量泥石连同水流下泄而形成泥石流。

融雪洪水——在高纬度严寒地区，冬季积雪较厚，春季气温大幅度升高时，积雪大量融化而形成融雪洪水。

冰凌洪水——中高纬度地区内，由较低纬度地区流向较高纬度地区的河流（河段），在冬春季节因上下游封冻期的差异或解冻期差异，可能形成冰塞或冰坝而引起洪水。

溃坝洪水——水库失事时，存蓄的大量水体突然泄放，形成下游河段的水流急剧增涨甚至漫槽成为立波向下游推进的现象。冰川堵塞河道、壅高水位，然后突然溃决时，或地震等其他原因引起的巨大土体坍滑堵塞河流会使上游的水位急剧上涨，当堵塞坝体被水流冲开时，在下游地区也会形成这类洪水灾害。

湖泊洪水——由于河湖水量交换或湖面大风作用或两者同时作用，可能发生湖泊洪水。吞吐流湖泊当入湖洪水遭遇和受江河洪水严重顶托时常产生湖泊水位剧涨，因盛行风的作用，引起湖水运动而产生风生流，有时可达 5～6 米，如北美的苏必利尔湖、密歇根湖和休伦湖等。

天文潮——这是海水受引潮力作用而产生的海洋水体的长周期的波动现象。海面一次涨落过程中的最高位置称高潮，最低位置称低潮，相邻高低潮间的水位差称潮差。如加拿大芬迪湾最大潮差达 19.6 米，中国杭州湾的澉浦最大潮差达 8.9 米。

风潮——这是台风、温带气旋、冷峰的强风作用和气压骤变等强烈的天气系统引起的水面异常升降现象。它和相伴的狂风巨浪可引起水位涨，又称风潮增水。

海啸——这是水下地震或火山爆发所引起的巨浪。

在各种自然灾难中，由洪水造成人口死亡占因自然灾难引起的全部死亡人口的75%，经济损失占到各种自然灾害损失的40%。更加严重的是，洪水总是在人口稠密、农业垦殖度高、江河湖泊集中、降雨充沛的地方发生，如北半球暖温带、亚热带等地区。中国、孟加拉国是世界上水灾最频繁、肆虐的地方，美国、日本、印度和欧洲的洪灾也较严重。

孟加拉一直洪灾不断。在孟加拉，1944年曾发生特大洪水，淹死、饿死300万人，震惊了全世界。当时连续的暴雨使恒河水位暴涨，将孟加拉一半以上的国土淹没。1988年该国再次发生骇人的洪水灾害，淹没1/3以上的国土，使3000万人无家可归。洪水灾害也是这个国家成为全世界最贫穷的国家之一的重要因素。

1998年中国的“世纪洪水”至今让人记忆尤新，当时洪水在中国大地到处肆虐，29个省受灾，农田受灾面积3.18亿亩，成灾面积1.96亿亩，受灾人口2.23亿人，死亡3000多人，房屋倒塌497万间，经济损失达1666亿元。

洪水来临前后的预防和应对措施

中国幅员辽阔，地形复杂，季风气候显著，是世界上水灾频发且影响范围较广泛的国家之一。全国约有35%的耕地、40%的人口和70%的工农业生产经常受到江河洪水的威胁，并且因洪水灾害所造成的财产损失居各种灾害之首。几乎每年都有一些地方发生或大或小的水灾。严重的水灾通常发生在河谷、沿海地区及低洼地带。暴雨时节，这些地方的人们就必须格外小心，以防洪水泛滥。那么，我们应该做些什么准备呢？

(1) 对即将到来的洪水保持高度警觉

首先，最好准备一台无线电收音机，随时收听、了解各种相关信息。在雨季要多上网查资料学习应急知识，多收听洪水警报信息，多了解水面可能上涨到的高度和可能影响的区域。

如果出现持续不断的大雨和大风暴，就要警觉起来，远离水道和低洼地区，在高地驻扎会更加安全。

发生洪水时，通常有充分的警戒时间。与暴雨之后的激流相比，洪水流动是比较缓慢的。面对可能的汛情，首先应在门槛外（如预料洪水会涨得很高，还应在底层窗槛外）垒起一道防水墙，最好的材料是沙袋，也就是用麻袋、塑料编织袋或米袋、面袋装入沙石、碎石、泥土、煤渣等，然后再用旧地毯、旧毛毯、旧棉絮等堵住门窗的缝隙。

洪水即将来临时，要有必要的物资准备，这样可以大大提高避险的成功率：

洪水到来之前，要关掉煤气阀和电源总开关，以防电线浸水而漏电失火、伤人；

赶紧收拾家中贵重物品放在楼上高处，如时间紧急，可放在家中的橱柜或架子等较高处，以免水浸；

准备大量的饮用水，多备罐装果汁和保质期长的食品，并捆扎密封，以防被水浸泡发霉变质；

准备保暖的衣物及治疗感冒、痢疾、皮肤感染的药品；

准备可以用作通信联络的物品，如手电筒、蜡烛、打火机等，准备颜色鲜艳的衣物及旗帜、哨子等，以防不测时当作信号。

平时要学会自制简易木筏的技能，学习如何用身边任何入水可浮的东西，如床、木梁、箱子、圆木、衣柜等绑扎而成制成木筏。

（2）选择一切可以救生的物品逃生

洪水来临前，准备好救生物品，洪水来临时，要选择一切可以救生的物品逃生：

挑选体积大的容器，如油桶、储水桶等，迅速倒出原有液体后，重新将盖盖紧、密封；

空的饮料瓶、木酒桶或塑料桶都具有一定的漂浮力，可以捆扎在一起应急；

足球、篮球、排球的浮力都很好；

树木、桌椅板凳、箱柜等木质家具都有漂浮力。

尤其是生活在偏僻地区的人，一旦交通受阻，救援人员两三天内难以赶到，只得自力自救，不能坐以待毙。

必须注意的是，不到迫不得已不可乘木筏逃生。乘木筏是有危险的，尤其是对于水性不好的人，一旦遇上汹涌的洪水，很容易造成翻船。此外，洪水中爬上木筏之前一定要试验其浮力，并带一些食物及发信号的工具。

洪水爆发时，如果身处山地，想蹚水越过溪流是很危险的。假如非过河不可，尽可能找桥，从桥上通过。假如无桥，非蹚水不可，不要选择狭窄的地方通过。要找宽广的地方，溪面宽的地方通常都是最浅的地方。在瀑布或岩石上想涉水心情不可紧张，在未涉水前，先选好一个着脚点，用竹竿或木棍先试探前面的路况，在起步前先扶稳竹竿，并要反水流方向前进。

（3）科学地选择避难场所

城市中的避难所一般应选择在距家最近、地势较高、交通较为方便的地方，应有上、下水设施，卫生条件较好，与外界可保持良好的通信、交通联系。在城市中大多是高层建筑的平坦楼顶，地势较高或有牢固楼房的学校、医院，以及地势高、条件较好的公园等。

（4）洪水发生后的注意事项

绝对不能吃在洪水里浸泡过的食物；

喝水之前必须煮沸，做到充分沸腾，且饮用之前要消毒；

寻找附近可提供医疗服务的医院，在红十字会组织设置的避难区域，可以获得食品、衣物及紧急补助物资；

不要去救灾现场，以免妨碍救援活动；

不能使用在水里浸泡过的电子产品，电子产品在修理之前要晾干。

洪水退后，如果回到家中，在检查被水淹过的房子是否可入住时，要使用手电筒，千万别划火柴，以防因煤气泄漏而引发火灾。要给房子进行彻底消毒，包括空调、供暖管道和过滤器。在重新使用电器之前检查并烘干。如果电路设施有所损坏，要向有关方面报告。

四

有效应对火灾，注意安全用电

常言道："水火无情。"在我们身边，因用火不慎或用电不小心导致的火灾和触电伤亡事件时有发生，可谓触目惊心。2008 年 11 月 14 日早晨，上海商学院徐汇校区一个学生宿舍楼发生火灾，4 名女生从 6 楼宿舍阳台跳下逃生，当场死亡。专家指出，如果她们具备危情防范的意识，注意用电安全，那么就不会发生火灾；如果在被困火中时，她们能够冷静沉着地应对，采取正确的应急逃生方法，而不是在极端恐慌中采取不当的逃生方式，惨剧也不会发生……因此，我们一定要警醒，多学点儿防火和用电安全知识，增强防灾意识，防微杜渐，在平时加强用火、用电安全方面的安全检查，消除各种潜在隐患，或者在突发意外事件时，知道如何采取科学有效的应对措施。

人在火灾中可能遭受的危害

火灾几乎是和火的利用同时发生的。在人类社会的初期，人们还没有什么财富，因此火灾的危害还不十分明显。随着社会的发展和物质财富的增多，特别是有了定居的房屋，人们才逐渐感受到火灾的巨大危害。失去控制的火势，就会给人类造成灾难。

当今，火灾是世界各国人民所面临的一个共同的灾难性问题，它给人类社会造成了不少生命、财产的严重损失。随着社会生产力的发展，社会财富日益增加，火灾损失上升及火灾危害范围扩大的总趋势是客观事实。据联合国“世界火灾统计中心”提供的资料介绍，发生火灾的损失，美国不到 7 年翻一番，日本平均 16 年翻一番，中国平均 12 年翻一番。全世界每天发生火灾 1 万多起，造成数百人死亡。近几年来，我国每年发生火灾约 4 万起，死亡 2000 多人，伤残 3000～4000 人，每年火灾造成的直接财产损失 10 多亿元，尤其是造成几十人、几百人死亡的特大恶性火灾时有发生，给国家和人民群众的生命财产造成了巨大的损失。

大火对人的危害主要表现在如下几个方面：

(1) 缺氧

人们正常呼吸时，空气中的氧气含量占 21%左右（体积比）。在这种情况下，人们的思维敏捷，判断准确，活动自如，身体各个部位不会出现不良反应。由于火场上可燃物燃烧消耗氧气，使空气中的氧浓度降低。特别是建筑物内着火，在门窗关闭的情况下，火场上的氧气会迅速降低，同时产生对人身体有害的毒气，当空气中氧含量在 19.5%时，对人的健康影响是很小的；当氧含量在15%～19%时，人的注意力及一系列生理功能开始下降；当氧含量在12%～14%时，会出现呼吸加快、心跳加速、感知力和判断力下降；当空气中的氧含量在10%～12%时，出现心跳更加快且深、口唇青紫、判断力更差；当氧含量在8%～10%时，会出现智力障碍、恶心呕吐甚至意识丧失，甚至发生晕厥；当空气中的氧含量在6%～8%时，6～8分钟可致命。

(2) 高温

火场上由于可燃物质多，火灾发展蔓延迅速，火场的气体温度在短时间内即可达到几百摄氏度。空气中的高温，能损伤呼吸道。当火场温度达到49～50℃时，能使人的血压迅速下降，导致循环系统衰竭。只要吸入的气体温度超过70℃，就会使气管、支气管内粘膜充血水肿，组织坏死，并引起肺水肿而窒息死亡。人在100℃环境中会出现虚脱现象，丧失逃生能力，严重者会造成死亡。在火场，经常可以发现体表几乎完好无损的死者，这些死者死亡的原因大多是由于吸入过多的热气体而致死的。

(3) 烟尘

火场上的热烟尘是由燃烧中析出的含碳粒子、焦油状液滴，以及房屋倒塌时扬起的灰尘等组成。这些烟尘随热空气一起流动，若被人吸入呼吸系统后，能堵塞、刺激呼吸道的粘膜，有些甚至能危害人的生命。其毒害作用随烟尘的温度、直径大小和在空气中的含量不同而不同。其中温度高、直径小、化学毒性大的烟尘，对呼吸道的损害最为严重。飞入眼中的颗粒使人流泪，疼痛并损伤人的视觉；烟尘进入鼻腔和喉咙后，受伤者呼吸时就会打喷嚏和咳嗽。气流里的烟尘冷却到一定程度，水、蒸汽、酸、醛等便会凝结在这些烟尘上。如果吸入这种充满水份的颗粒，很可能把

毒性很大或是刺激性的、不同成份组成的液体带入人的呼吸系统。造成呼吸道的炎症。

(4) 毒性气体

火灾中可燃物燃烧产生大量烟雾，其中含有一氧化碳（CO）、二氧化碳（CO_2）、氯化氢（HCl）、氮的氧化物（NOx）、硫化氢（H_2S）、氰化氢（HCN）等有毒气体。这些气体对人体的毒害作用很复杂。由于火场上的有害气体往往同时存在，其联合效果比单独吸入一种毒气的危害更为严重。这些毒性气体对人的大脑有麻醉、对呼吸道有窒息、刺激等作用，有毒气体损伤了呼吸系统、中枢神经系统和血液循环系统，在火灾中严重影响人们的正常呼吸、思维、视野，防碍了人们的正常逃生，直接危害人的生命。

火灾中的缺氧、高温、烟尘、毒性气体是危害人身的主要原因，其中任何一种危害都能致人于死地。

另外，火灾发生时，人们普遍会产生恐惧心理，尤其当火灾产生的浓烟导致方向不明时，越发使人感到恐惧无助，很容易使人失去理智和行动能力，无法正常疏散，甚至相互挤压、踩踏，堵塞逃生路径，最终造成群死、群伤。

处理火情的基本要领

2008 年 11 月 14 日，上海市某大学宿舍楼内住着 6 名女学生，因为使用电器不当引发火灾，熊熊的大火使她们惊慌失措，其中四名女生慌不择路从 6 层楼的阳台跳下，不幸全部遇难。而同寝室居住的另外两名女生因及时躲进洗手间，并采取有效的自救措施而幸免于难。

青少年要懂得，火灾出现有其突发性，一旦火灾降临到自己身边，千万要镇静，切不可惊慌失措，以免出现错误的判断、错误的行动，受到不应有的伤害。在平时，要学习和掌握一些防火的知识和处理火情的基本要领：

(1) 掌握家庭常用的灭火方法

家庭一旦发生火灾，首先不能慌乱，其次要采取科学方法灭火。因此，要掌握一些常用的灭火方法：

一是冲水冷却法。用水直接喷射到燃烧物上，熄灭火焰，或用水喷射到附近的可燃物上，使可燃物免遭火焰辐热的威胁，避免燃烧。

二是隔绝空气法。用湿棉被等难燃物或不燃物覆盖在燃烧物表面上，隔绝空气，将火熄灭。

三是防止蔓延法。将火附近的易燃物和可燃物，从燃烧区转移走；隔离可燃和助燃物进入燃烧区；防止正在燃烧的物品飞散，以阻止燃烧蔓延。

初级阶段的火灾如果发生在家里，可以采用隔绝空气的方法灭火。比如我们在家里炒菜的时候油锅起火了，只要迅速用锅盖盖住油锅，然后把锅端开就没事了。这是因为锅盖把着火的油和空气隔开了，油得不到足够的空气，也就得不到必要的氧气，没有氧气，油就不能继续燃烧。同样道理，用浸湿的棉被、麻袋等去覆盖着火的燃烧物，并将燃烧的东西全部盖住，也是为了阻挡氧气的进入，使火熄灭。但对付初起的火灾，关键在于“快”，不能使火有蔓延的机会。

(2) 扑救火灾时要注意预防烟毒

家庭一旦不慎发生火灾，首先要进行扑救，但在扑救时，要

预防烟毒侵害人体。

家庭火灾发生后，燃烧物品会散发出一种烟雾。这些烟雾中有足以致人于死地的物质：一氧化碳（CO）、二氧化硫（SO_2）、硫化氢（H_2S）等。另外，木结构家具，羊毛衫、地毯、被褥、人造纤维和尼龙质地衣物等日常用品，在不完全燃烧时也会产生一氧化碳，这种具有强烈毒性的可燃气体会加大火势。这种气体几乎在所有火灾现场都能生成，对人体危害极大。

家庭一旦发生火灾，为了防止烟毒侵害人体，一般可用湿口罩或用湿毛巾掩护好呼吸部位；扑救火灾时，应尽量站在上风方向，避免毒气侵袭。

如果出现流泪眼痛、头痛咳嗽、胸闷、头昏等症状，应及时撤离火场。在撤离火场时首先要镇定，不要慌乱，可用水淋喷洒周围以便开路，逃离火灾区。

（3）发现火灾时要积极避险逃生

几年前，某居民楼发生火灾，住在四层409室的刘家最早发现火情，他不分火势大小，慌忙跑到过道里，并在滚滚浓烟中大声呼救，没走几步就被熏倒了，他一家五口连熏带烧，无一幸免。而他的邻居408室的马某一家6口却安然无恙，绝处逢生。

原来，马某发现火灾后，立刻紧闭房门，阻烟火窜入室内，并指挥全家退到烟雾较小的窗口，呼救，并把屋里的被褥、衣物扔到窗外，减少可燃物。打开窗子揿亮手电呼救，消防人员很快救出了他的全家。

这个事例，生动地说明了面对火情采取不同的态度和自救方法，后果大不一样。

火灾发生后，最直接威胁人们生命安全的是烟。烟比火轻，运动的速度快，表面温度能高达800～1000℃。而70℃的热气就可以损坏人的呼吸道粘膜。另外，大量的可燃物燃烧产生的一氧化碳，可使人窒息死亡。许多火灾的遇难者，大都是先被烟气熏倒后，才被烧死的。因此，火灾发生后关键是尽力避免被烟熏倒，然后寻找机会争取逃生或等待救援。

那么，住楼户的人们一旦不幸遇上火险怎么才能逃生呢?

(1) 辨明火势，沉着冷静。楼房居民在起火后，不要轻易开门冲入楼道。

首先要摸一下房门的上沿，如果已经发烫，说明楼道里已充满浓烟，通道已被火封锁。这时就不要开门，以免浓烟冲入居室，造成窒息死亡。如果房门上沿不热，可打开房门观察一下火情，但要用湿毛巾堵住自己的口鼻。

(2) 通过楼梯时要防烟。火起后，楼梯如果没有烧毁，在通过时，一定要闭气，或用湿毛巾堵住自己的口鼻，防止中毒昏倒。

(3) 退守室内，注意关门窗。如果外边已经弥漫了浓烟，外逃已不可能，就要关严门窗，防止烟火突入。

(4) 如果室内已有烟雾，要用湿毛巾堵住口鼻，并趴在地上，尽量爬到沿街窗口；不要直立，更不能迅速跑动。因为烟是轻的，一般飘浮在上面，接近地面处烟气稀薄，对人体的威胁较小。

(5) 住楼房的居民如果发现火势已封锁了所有出入通道，要到阳台避险。但切记，要关好所有门窗，特别是阳台门，不能使空气对流，才能降低火势。

(6) 在阳台避险时，可利用绳索或攀援雨水管等方法，设法脱险。但千万不能跳楼避险。事实证明，跳楼会造成更大的人身伤亡，在楼层太高或条件都不具备时，应冷静地等待救援。

(7) 不要去乘电梯，因火灾后电梯易断电人会被卡在电梯内更加危险。而应沿防火安全梯朝底楼跑，若中途防火梯已被堵死，便应向更高层跑。同时可将楼梯临街处的窗户玻璃打破，向外高

声呼救。总之，要让救援人员知道您的确切位置以便营救。

（8）逃生时并非跑得越快越好，而必须视火势与浓烟大小而定。火势蔓延较慢，浓烟不多时，可以迅速逃离浓火源；火势不大但烟却多时，则不宜快跑，应弯身猫腰压低姿势，尽量接近地面或角落，慢慢移离火源。这是因为浓烟较空气为轻，会上升，室内浓烟密布时，通常离地面两三厘米处仍会有新鲜空气；而在空气稀少处，快速行动会加快呼吸，增加空气的需要量，从而吸入毒气。

发现火警也不去打火警电话，这是一种违法行为。

采取有针对性的防火、灭火措施

物质燃烧必须具备三个条件：可燃物质、助燃物质（空气或氧气）、火源，如果缺少其中一项，就可使火熄灭。因此，可采取有针对性的防火、灭火措施：

（1）消除着火源

研究和分析燃烧的条件说明这样一个事实：防火的基本原则主要应建立在消除火源的基础之上。

为了消除着火源，在有火灾危险的场所，严禁明火照明，严禁吸烟或穿带钉子的鞋；接地防静电；安装避雷装置防雷击；在可能由易燃易爆物品引起着火的场所使用防爆电器设备，如防爆灯；隔离火源、控制温度、遮挡阳光等措施。

（2）控制可燃物

可燃物是燃烧过程中的物质基础，控制可燃物就能阻止燃烧或缩小燃烧范围。

在选材时，尽量用难燃或不燃的材料代替可燃材料，如用水泥代替木料建筑房屋，用防火漆浸涂可燃物以提高耐火性能；对具有火灾、爆炸危险性的场所，加强通风以降低可燃气体、蒸汽和粉尘在空气中的浓度，使它们的浓度控制在爆炸下限以下；限制易燃物品的存放量，并且将能发生相互作用的物品，都要分开存放；及时清除滴漏在地面或污染在设备上的可燃物等。

（3）隔绝空气

隔绝空气就是使燃烧的三要素中缺少助燃条件，也就是氧化剂。

如隔绝空气储存某些燃点低的危险化学品，将钠存放于煤油中，磷存放于水中，镍储存在酒精中，二硫化碳用水封存；生产过程中使用易燃易爆物应在密封的容器、设备内进行；对有可能起火、异常危险的生产，可充装惰性气体保护，如变压器充惰性气体进行防火保护等。

（4）阻止火势、爆炸波的蔓延

火灾中为阻止火势、爆炸波的蔓延，就要防止新的燃烧条件形成，也就是阻断燃烧三要素相互作用、相互结合的条件，从而防止火灾扩大，减少火灾损失。

如在可燃气体管路上安装阻火器、安全水封；在检查汽车、推土机等机动车辆的排烟和排气装置时要配备防火帽或防火罩；在压力容器设备上安装防爆膜、安全阀；在建筑物之间预留防火间距、预筑防火墙等等。

如何针对不同的火灾使用相应的灭火器

火灾就是在时间上或空间上失去控制的、对生命财产造成损害的燃烧现象。依据燃烧特性划分，火灾有五种类型，各类火灾所适用的灭火器如下：

A类火灾：指固定物质火灾，这种物质往往具有有机物质性质，一般在燃烧时能产生灼热的余烬，如木材、棉毛、麻、纸张火灾等。这类火灾可选用清水灭火器、酸碱灭火器、化学泡沫灭火器、磷盐干粉灭火器、卤代烷1211灭火器、1301灭火器。不能使用钠盐干粉灭火器和二氧化碳灭火器。

B类火灾：指液体火灾和可熔化的固体物质火灾，如汽油、煤油、柴油、原油、甲醇、乙醇、沥青、石蜡等火灾。这类火灾可选用干粉灭火器、卤代烷1211灭火器、1301灭火器、二氧化碳灭火器。泡沫灭火器只适用于油类火灾，而不适用于极性溶剂火灾。

C类火灾：指可燃气体火灾，如煤气、天然气、甲烷、乙烷、丙烷、氢气等火灾。这类火灾可选用干粉灭火器、卤代烷1211灭火器和1301灭火器、二氧化碳灭火器。不能使用水型灭火器和泡沫灭火器。

D类火灾：指金属火灾，如钾、钠、镁、铝镁合金等火灾。目前对这类火灾还没有有效的灭火器。

E类火灾：指带电物体燃烧的火灾。可选用卤代烷1211、1301灭火器和干粉灭火器、二氧化碳灭火器。

了解了火灾的类型，下面我们介绍一下如何针对不同的着火类型正确使用灭火器。

常见的灭火器有：泡沫灭火器、干粉灭火器、1211 灭火器和二氧化碳灭火器。下面分别介绍这几种灭火器的使用方法。

(1) 泡沫灭火器

泡沫灭火器喷出的是一种体积较小、比重较轻的泡沫群，它的比重远远小于一般的易燃液体，它可以漂浮在液体表面，使燃烧物与空气隔开，达到窒息灭火的目的。因此，它最适应于扑救固体火灾。因为泡沫有一定的粘性，能粘在固体表面，所以对扑救固体火灾也有一定的效果。使用泡沫灭火器时，首先要检查喷嘴是否被异物堵塞，如有，要用铁丝捅通，然后用手指捂住喷嘴将筒身上下颠倒几次，将喷嘴对着火点就会有泡沫喷出。应当注意的是不可将筒底、筒盖对着人体，以防止万一发生爆炸时伤人。

(2) 干粉灭火器

干粉灭火器是以二氧化碳为动力，将粉沫喷出扑救火灾的。由于筒内的干粉是一种细而轻的泡沫，所以能覆盖在燃烧的物体上，隔绝燃烧体与空气而达到灭火。因为干粉不导电，又无毒、无腐蚀作用，因而可用于扑救带电设备的火灾，也可用于扑救贵重、档案资料和燃烧体的火灾。使用干粉灭火器时，首先要拆除铅封，拔掉安全销，手提灭火器喷射体，用力紧握压把启开阀门，储存在钠瓶内的干粉即从喷嘴猛力喷出。

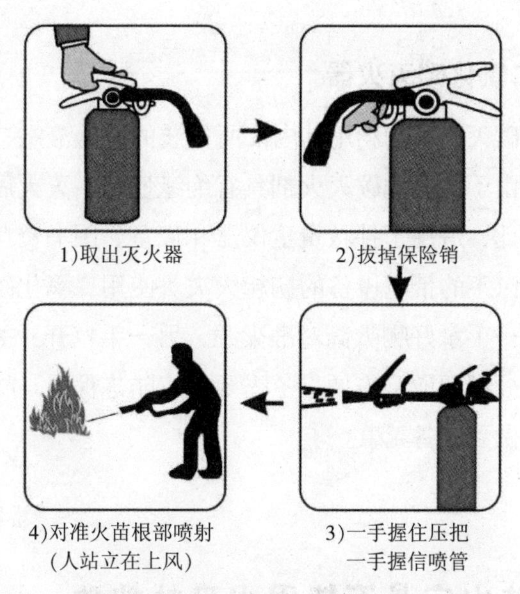

1. 在距离起火点5米左右使用灭火器，在室外使用时，应占据上风位置。
2. 使用前，先把灭火器摇动数次，使瓶内干粉松散。
3. 拔下保险销，对准火焰根部压下压把喷射。
4. 在灭火过程中，应始终保持直立状态，不得横卧或颠倒使用。
5. 灭火后防止复燃。

灭火器使用方法图

(3) 1211灭火器

1211灭火器是利用装在筒内的高压氮气将1211灭火剂喷出进行灭火的。它属于储压式的一种，是我国目前使用最广的一种卤代烷灭火剂。1211灭火剂是一种低沸点的气体，具有毒性小、灭火效率高、久储不变质的特点，适应于扑救各种易燃可燃烧体、气体、固体及带电设备的火灾。使用1211灭火器时，首先要拆除铅封，拔掉安全销，将喷嘴对准着火点，用力紧握压把启开阀门，使储压在钢瓶内的灭火剂从喷嘴处猛力喷出。

(4) 二氧化碳灭火器

二氧化碳灭火器是利用其内部所充装的高压液态二氧化碳喷出灭火的。由于二氧化碳灭火剂具有绝缘性好，灭火后不留痕迹的特点，因此，适用于扑救贵重仪器和设备、图书资料、仪器仪表及600伏以下的带电设备的初起火灾。使用二氧化碳灭火器很简单，只要一手拿好喇叭筒对准火源，另一手打开开关即可。各种灭火器存放都要取拿方便。冬季要注意防冻保温，防止喷口的阻塞，真正做到有备无患。

有些火灾是不能用水来扑救的

绝大部分的人都认为，发生了火灾，第一时间要找到水源，但是有些火灾，是不能用水来扑灭的。比如，如下一些物质：

首先是遇水燃烧的物质不能用水来灭火。如活泼金属锂、钠、钾；金属粉末锌粉、镁铝粉；金属氢化物类氢化锂、氢化钙、氢化钠；金属碳化物碳化钙（电石）、碳化钾、碳化铝；硼氢化物二硼氢、十硼氢等。

熔化的铁水、钢水在未冷却之前，不能用水扑救。防止水出现分解，引起爆炸。

在一般情况下，不能用直流水扑救可燃粉尘，如面粉、铝粉、糖粉、煤粉等。要防止它们形成爆炸性混合物。

在没有良好的接地设备或没有切断电源的情况下，不能用水来扑救高压电气设备火灾，以防止触电。

一些高温生产装置或设备着火时，不宜用直流水扑救。因为这样扑救会使设备突然冷却，引起设备破坏。

贮存有大量的硫酸、浓硝酸、盐酸等的场所发生火灾时，不能用直流水扑救。要防止这些化学物质放热引起更大的燃烧。

轻于水且不溶于水的可燃液体火灾，不能用直流水扑救。要防止液体随水流散，促使火势蔓延。

常用家电的安全使用和防火常识

2006 年 10 月 16 日下午 1 时 30 分，北京师范大学继续教育学院南院女生宿舍楼失火，五六名被困女生通过身绑床单逃下楼脱险。调查发现，起火原因为宿舍床铺上的一台笔记本电脑爆炸，随后将被褥引燃。

2011 年 10 月 11 日福州新店镇某村一家的卧室因火灾被烧了个精光。起火的原因是屋主离开的时候只关了电脑，可电脑电源插座一直开着，由插座引发了这场火灾。

2012 年 6 月 27 日 6 点多，深圳某小区一住户家突发大火，家中被烧成废墟。据悉，失火原因是手机充电几天忘拔掉电源，充电器发热引燃沙发……

目前，家用电器种类繁多，使用面广，电脑、电视机、手机、电冰箱、洗衣机、电熨斗、电饭锅、空调……等等。各种家电如若使用保养不当，轻则减少使用寿命，重则可能带来危险和灾难。因此，青少年应掌握一些常用家电的安全使用和防火常识：

（1）白炽灯安全使用和防火常识

白炽灯泡表面温度很高，能烤燃与其接触或邻近的可燃物。在一般散热条件下，白炽灯泡的表面温度随着其功率增大而增大。例如，功率为 40 瓦和 100 瓦的白炽灯，其灯泡表面温度可分别达到50～60℃、170～200℃。木材、纸张、棉布、柴草等，燃点都很低，若与正在通电使用的灯泡靠近，就很容易将其烤着起火。灯泡的功率越大，开灯时间越长，灯泡表面温度越高，可燃物燃点越低，两者的距离越近，越容易引起燃烧。此外，因供电电压过高，灯头接触部分接触不良，也引发危险。

为了安全防火，灯泡应设置在空间尽量开阔、妥善的地点，与可燃物之间应保持一定的防火间距。在可能遇到碰撞的地点，灯泡应有金属保护网或玻璃外罩。

严禁用纸、布或其他可燃物遮挡灯具，不准用灯泡在被窝里取暖和烘烤衣物。

不得将灯泡挂靠在木质家具、门、框或硬纸板上，也不得将灯泡嵌在天花板或顶棚里。移动台灯时灯泡要与窗帘布、蚊帐等可燃物品保持一定距离。

白炽灯的供电电压不能超过其额定电压。不得用湿手或湿布摸擦正在工作灯泡，以防灯泡爆炸。如果灯头与玻璃壳连接松动，不得强行拧动灯泡。如果使用150瓦以上的灯泡，不得使用胶木灯口，以免发热起火。

白炽灯所用导线应当具有优良的绝缘性能。导线不得靠近灯泡，以防因长时烘烤使导线绝缘层老化、熔化、燃烧。在线路上要安装保险装置，保护线路。开关不得安在零线上。

使用白炽灯特别是大功率白炽灯，连续通电的时间不宜过长，不得点“长明灯”。人员外出时要牢记关灯。

(2) 日光灯安全使用和防火常识

日光灯的镇流器的选择和安装要特别注意。如果选用的镇流器与日光灯管功率不匹配、各接点接触不牢、镇流器紧贴天花板等可燃材料安装，并且安装部位通风散热条件很差，这样一方面

镇流器容易发热，另一方面产生的热量不易散发，从而大量骤热而形成高温，烤燃有些可燃物质，会引起火灾。有些镇流器在出厂时没有经过严格检验或由于有些厂家生产的产品粗制滥造，质量较差，如：线圈匝数不足、绝缘能力不够、线径过小、铁芯面积过小、空间间隙太大、硅钢片插得不紧等等。这些都容易使镇流器发热，产生高温，以致损坏绝缘体、使沥青融化并从盒内溢出等，形成短路，引起火灾。

日光灯的供电电压过高，超负载等会使镇流器产生高温，日光灯连续使用时间过长或开、关日光灯过于频繁等，也会使镇流器产生高温，甚至酿成火灾。

日光灯镇流器上积落大量可燃粉尘、木屑等，如果镇流器产生高温会被烤焦起火；镇流器受潮或者进水等，会使线圈绝缘能力下降，甚至短路起火。

为了防火和安全，要选用优质合格的日光灯镇流器，日光灯与镇流器的功率要相互匹配。如何判断镇流器的质量呢？如果镇流器通电后有“嗡嗡”的响声，则其质量差，容易发热；通电半小时后，用手摸镇流器如烫手，则说明镇流器质量不好。

安装日光灯时，镇流器不能直接安装在可燃材料上，要注意通风、防雨、防尘。镇流器底部应朝上，不能朝下，更不能竖装，以防其中的沥青受热融化外溢。

使用日光灯中要加强检查和维护，防止供电电压过高或过载。日光灯不能频繁开关，也不能长时间连续使用过久，以防镇流器过热。检查中如发现接触点接触松动，镇流器发出响声，手摸时烫手或闻到焦味，都要采取措施处理。

人离开时应随手切断电源。

（3）手机的安全使用和防火常识

时下，已经成为许多人日常生活中不可或缺的一部分了，但实用不当也可能给自己带来安全隐患和威胁。除了手机的质量要有保证外，正确使用手机技巧也尤为重要。为了正确、安全地使用手机，平常应该特别注意一些细节。

在购买手机电池时，一定要选择正规厂家生产的优质电池，切勿使用劣质电池；当电池出现破损或者鼓胀时，应及时更换；切勿改装手机，并尽可能使用原装充电器。

由于不同手机的充电接口并不统一，一些同时使用多部手机的人，为避免带多个手机充电器的麻烦，就以万能充电器进行了代替。其实，每部手机的接口、电压、电流强度等标准都不相同，即便充电器接头与手机接口相符，也未必就代表完全合适。一些劣质万能充内部设计简单，缺乏电压过载保护装置，一旦遇到电压不稳或者其他情况，极易造成电池内部电阻熔断起火以及引发爆炸。

如果充电器丢失，手机原厂原装充电器或其他正规厂家出产的充电器为购买首选。如不得已必须使用万能充充电时，要正确对接电池的正负极，并时刻留意是否出现异常，若电池充电后出现发热、发烫以及鼓胀现象，就该果断停用这种万能充。

为避免电池过热，给手机充电时要选择通风散热良好的地方，环境温度一般不要超过35℃。在充电时，不要在手机上覆盖任何东西。在有条件的情况下，充电手机尽量不要长时间离开自己视线。

许多人都喜欢长时间给手机充电，并在给手机充电时打电话、用手机玩游戏、看电影或者运行其他程序，还有一些人出于爱惜电池的心态，在手机充电中途有电话拨入时，并不将手机电源拔

出，而是直接接听，这两种做法都会间断对电池的充电，导致手机充电时间延长，引起手机电压和电流的不稳定，进而对手机电池产生强烈冲击，甚至可能引发爆炸。

很多人喜欢让手机整晚都处于充电器的接通下，这样不仅使得电池寿命减少，而且还会使电池发热。所以，当手机已经充满电时，一定要取下充电器连接线。

雨天携带手机被雷“击毙”的传言早就有所耳闻，因此，雨天尽量不要使用手机。尤其打雷时在空旷的环境中，拿着手机会增加危险。

（4）电脑的安全使用和防火常识

在生活中，因电脑使用不当而引起火灾的现象时有发生。在平时使用电脑过程中，要谨记一些基本的安全注意事项，防止火灾事故的发生。

笔记本电脑使用不符合要求的劣质电池，极容易使机体过热起火现象，甚至带来更大的灾难和损失。应选购安全性能有保障的合格产品，注意电池的保养，最好不要使用二手换芯电池。

笔记本电脑运行时间不宜过长，运行一段时间后，最好改换位置再继续使用。可以在笔记本电脑下方放置两根铅笔或散热垫，或者利用 USB 口小电扇，保证散热处通风良好。

台式电脑主机应放置在通风处，不可把电脑放于被褥、毛毯等柔软物品上使用，同时切勿在电脑主机上放置其他物品，防止影响散热。使用电脑时间不宜过长，每隔四五个小时应当关机一段时间，等到机内的热量散发后再继续使用。

在使用电脑过程中，如果遇到异常现象，如电脑冒烟、闻到焦糊味时应当立即关掉电源，防止火灾事故的发生。电脑冒烟或着火时，即使关掉机子，拔掉插头，机内元器件仍然很热，很可

能产生烈焰并排出毒气，显示屏也可能发生爆炸。应使用湿棉布或棉被等盖住，切勿向失火电脑泼水，以免引起触电。灭火时，应从侧面或后面接近电脑，切勿揭起覆盖物观看。

在不使用电脑时，要将电脑关机，并及时切断电源。

（5）空调的安全使用和防火常识

用于安装空调器的支架、搁板应采用非燃烧材料制作。安装在空调器上的遮阳罩也应采用非燃材料。空调器安装时，应内高外低，略微倾斜，使水分排到室外，以避免空调器部件受潮损坏。

空调的供电应有专用线，在专用线路中应设有断路器或空气开关。供电导线、保险丝都应符合有关规定，不能随意更改。

为防止绝缘破损造成漏电危险，如有条件，可设置漏电保护器，其额定电流为15～30毫安，切断时间应不大于0.1秒。

空调器的开机、停机都要使用控制开关，不要用直接插拔电源插头的方法来开、停空调器。这样一来造成空调控制系统会损坏，二来在插拔时会在插头和插座之间产生电弧，会造成人身安全事故。也不要让空调长期待机，这不仅消耗了一定的电量，还会在雷雨天容易遭雷击。

所有电器插头都要插紧，不能松动。否则会造成接触不良，损坏空调器。

住处电表容量不够，一定要先行增容，切莫抱着侥幸心理，以免因线路不堪负荷而发生火灾。

尽量让窗帘等避开空调器，或采用阻燃型织物的窗帘。根据以往的教训，窗帘是窗式空调器火灾蔓延的主要媒介。

用电热型空调器制热，关机时须记切断电源部分的电源，需冷却的，应坚持冷却两分钟。

空调器在运转时，切勿对着它喷杀虫剂或挥发性液体，以免

漏电酿成火灾。

电源电压超过了工作额定电压 240V 以上时，最好停用空调器，以保安全。

一旦出现异常声响、有异味或冒烟，应立刻关机、切断电源，并请厂家特约维修点或办事处技术人员到场检修。

空调器应经常保持清洁，空气过滤器应定期清洗，以免灰尘太多，影响空气对流。风扇和电机要定期加润滑油，若全年都在运行，每年应加两三次润滑油。

(6) 电风扇的安全使用和防火常识

电风扇使用的季节性强，每年使用前，都应检查电风扇的电源线路，看其是否有破损之处，还应检查外壳是否有电，以确保使用安全。

开启电风扇，应将开关置于“高速”档，待颠峰稍运转起来后，再调至“中速”或“低速”档，以免电动机启动时间长，烧坏电动机。

使用中不能让电机进水受潮；不在有易燃易爆物品的场所使用。选择平稳牢固的位置放电风扇，防止运转时产生摇动。移动电风扇时，应切断电源。

使用电风扇应注意防潮、防晒、防灰尘。电风扇不要放在靠窗口的地方，以免雨水淋湿，形成漏电。些外还要防止太阳曝晒加快外壳老化。电风扇不宜靠近窗帘等可燃物，以免引起火灾。还要注意远离可能造成扇叶被缠绕的衣物，以免引起故障和危险。

电风扇电源电压要符合要求；要经常向油孔部位注射润滑油，避免转动部位的温度过高。

使用电风扇时，若发现耗电量大或外壳温度增高等异常情况，

要及时检修。如出现异常响声、冒烟、有焦味、外壳带电麻手等现象时，应迅速采取断电措施。

(7) 电吹风的安全使用和防火常识

电风吹引起火灾有以下原因：

电吹风正在使用时，因有其他事情走开（如接电话、有人敲门去开门等），随手将电吹风往木台上一放，并完全忘记了使用过电吹风的事，结果长时间搁置；在使用电吹风时遇上停电，在未断电源的情况下去处理其他事情或外出；使用不当等其他原因，也可能引起火灾。

为了安全使用电吹风，须注意如下几点：

电源插座以及导线要符合防火安全要求，连接要紧密牢靠；有接地引线的电吹风要把接地线接好。

电吹风在使用时，先接通电源，再打开开关，这样可避免因瞬间电压过高而影响电机寿命。如中途停用，须关上开关。如短暂停用，可先不关，但须保持进风畅通，出风口远离物品，避免电路被烧坏。

使用电吹风时人员不能离开，更不能将其随意放置在台凳、沙发、床垫等可燃物上。

使用电吹风热风时，应注意由远及近靠近头发，且要一边移动一边吹，千万不可直吹不动，以免烧伤。

电吹风不得在浴室或湿度大的地方使用，避免触电危险。

应防止吹风机内部受潮，确保其绝缘良好；用完毕后，要擦拭干净，放在通风、干燥处保存。

使用完毕一定要及时切断电源。

谨防敲打、跌碰，禁止拆卸电吹风，以免损坏发热元件以及绝缘装置，造成漏电甚至短路，引起火灾。

使用过程中如出现温度过高、杂音、噪音、转速突然降低、电机不转、风叶脱落、有焦臭味、有异物从风口吹出、电源线冒烟等不正常现象，应立即关掉电源，待查出原因，排除故障后再使用。

(8) 吸尘器的安全使用和防火常识

使用吸尘器前，应检查电源线，确定电源线无损坏后方可使用。如果电源线损坏或器具出现故障，必须由购买维修部或专职人员更换或维修，以免造成不良后果。

吸尘器使用的电源插座要有足够的容量，不宜与其他电功率较大的家用电器同时使用。因吸尘器功率较大，同时使用容易导致电气线路过载发热。

吸尘器的使用时间不宜过长（连续使用时间不能超过 1 小时），如手摸桶外壳觉得发热，应停止一段时间后再继续使用，以防电动机因过热而烧毁，引起火灾。

不应在潮湿场所使用吸尘器，也不要用水洗涤吸尘器主体机件，以免电机或电气线路受潮发生短路起火。

不要把火柴、烟头等冒烟的东西吸入吸尘器，也不要用吸尘器吸烟缸和废纸篓内的杂物，以免针、铁钉、玻璃碎片等被吸入吸尘器。因为这些东西不仅会损坏吸尘器，而且还会损坏吸尘器内的电器绝缘层，发生漏电。

使用家用吸尘器要求室风保持干燥、通风良好，空气无易燃、可燃、腐蚀性气体存在。假如地面上散发有可燃气体，如将香蕉水、汽油洒落在地面，煤气、液化石油气发生了泄露，或者房间内刚刚使用过易燃液体，此时切不可使用吸尘器，以免引起火灾爆炸事故。

清洁或维护机体前，要将插头从电源插座内拔出。

要及时清除吸尘器过滤袋里的灰尘，以防过滤袋中灰尘积累

过多，导致阻力增大而使用电机负荷增加，影响散热效果，避免温度升高过快而引起火灾事故。

吸尘器每次使用完毕，切记将电源线从插座上拔下。

(9) 洗衣机的安全使用和防火常识

洗衣机的线路、插头要按规定安装，最好使用防漏电插座，离地面高度要有 1.8～2 米。

在使用洗衣机前，应接好地线，预防漏电触电，保护人身安全。

洗衣机应尽量放置在便于通风散热的较干燥的地方。不要把洗衣机放在有腐蚀性气体的地方，离水源最好保持 1～1.5 米。

洗衣机要平稳地放在干燥坚硬的地面上，避免阳光直射和靠近热源。周围也不要有可燃物品。

严禁将刚使用汽油等易燃液体擦过的衣服，立即放入洗衣机内洗涤。更不能为除去油污，向洗衣机内倒汽油。

接通电源后，如果电机不转，应立即断电检查，排除故障后再用，如果定时器、选择开关接触不良，应停止使用。

放衣服前，应检查衣服口袋，看是否有钥匙、小刀、硬币等物品，这些硬东西不要随衣服放进洗衣机内。

洗涤衣物的重量不超过洗衣机的额定容量。若洗衣机一次投入衣物过多，或波轮被绳、带发卡等小物件卡住，都会使电机负荷过大，甚至停止转动，进而导致线热，发生短路而起火。

使用时要防止碱水外溢。电动机一旦卡住，要迅速切断电源。

要经常检查洗衣机电源引线的绝缘层是否完好，如果已经磨破、老化或有裂纹，应及时更换。经常检查洗衣机是否漏水，如发现漏水，应停止使用，尽快维修。

不用时要切断电源，防止长时间通电导致洗衣机零件发热起火。

(10) 电饭锅的安全使用和防火常识

电饭锅要放在厨房专用地点，搁电饭锅的基座不应采用可燃材料，周围一定范围内不应有易燃、可燃物品，更不能放液化石油气钢瓶。

电饭锅应有质量合格而固定的电源插座，不要乱拉电线为电饭锅供电，不能和其他家用电器混电源。电饭锅的线路连接要牢固。

用电饭锅做汤、烧水时，要有人看管，不要忘记及时切断电源。

电热盘和内锅外表面不可沾有饭粒等杂物，以保证两者紧密接触。电饭锅使用时，内锅要放正，放下后来回转动一下。

不要盛装过满。往电压力锅放食物原料时，不要超过锅内容积的 80%，如果是豆类等易膨胀的食物原料则不得超过锅内容积的 67%。

在加热过程中，不可中途打开锅盖，免得食物喷出烫人。如果是电压力锅，在未确认冷却之前，不要取下重锤或调压装置，免得食物喷出伤人，应在自然冷却或强制冷却后打开锅盖。

电饭锅的外壳、电热盘和开关等切忌用水冲洗。避免碰撞内锅，内锅若变形严重，应立即更换。不要用普通铝锅代替内锅。

(11) 电热毯的安全使用和防火常识

为了避免家庭在使用电热毯时发生火灾，不得购买粗制滥造、无安全措施、未经检验合格的产品，以防止因质量特别是接头连接不良而酿成的事故。

使用前应仔细阅读说明书，特别要注重使用电压，千万不要把 36 伏或 24 伏的低压电热褥接到 220 伏的电压线路上。

电热毯第一次使用或长期搁置后再使用，应在有人监视的情况下先通电 1 小时左右，检查是否安全。

电热毯不要固定位置折叠，最好铺在平整的床板上使用，且上下各铺一层毯子或棉褥为宜。不要在席梦思和钢丝床上使用直线型电热线制成的电热褥，因为直线型电热线易断，使用中容易因伸拉揉搓而造成断裂，引起火灾。

电热毯通电后，人不能远离。使用温度不能控制的普通型电热褥，当温度升到所需温度时，应切断电源。电热毯通电后，如发现不热或其他异常现象，应立即断开电源，进行检修。

最好不要一整晚都开着电热毯的电源，可以在睡觉前 1 小时先打开电源预热，等电热毯足够热了再关闭电源，这时候再上床睡觉一样温暖。

使用电热毯时，如临时停电，应断开电源，以防来电后忘记、因通电时间过长、无人看管而造成火灾。

电热褥要注意防潮，特别是婴儿和生活不能自理的病人使用时，应经常查看电热褥的温度和湿度，被水浸的电热褥应晾干后再用。电热褥脏了，只能用刷子刷洗，不能用手揉搓，以防电热线折断。

最好选用有指示灯和保护装置的电热毯，这样，便于观察是否处于通电状态，若发生短路等事故，也能迅速自动切断电源。

(12) 电视机的安全使用和防火常识

电视机最好有专用插座，尤其不宜与冰箱共用一个插座。这是因为电视机和冰箱的启动电流都很大，冰箱为额定电流的 5 倍，彩电达额定电流的 7～10 倍，如同时启动，插座接点、引线均难以承受，互相影响，容易产生意想不到的危险。而且电视机与电冰箱工作时会产生电磁波，距离相近易受干扰，使彩电图像不稳，

出现噪音等。因此，彩电与电冰箱不宜共用同一多孔插排。

要保持电视机的干燥。电视机不要放在靠近窗口的地方，以防下雨时淋入雨水。在多雨季节，空气特别潮湿，应注意防潮，电视机若长期不用，要每隔一段时间使用半小时，用电视机自身发出的热量来驱散机内的潮气。

电视机要放在通风良好的地方。不要放在柜橱中，如果要放在柜橱中，柜橱应多开些孔洞（尤其是电视机散热孔相应部位），以利通风散热。电视机不要靠近火炉、暖气管，其后盖距离墙面等应在 10 厘米以上。连续开机时间不宜过长。因为开机时间越长，电视机的工作温度越高。一般连续收看 4～5 小时后应关机一段时间，待机内热量散发后继续收看。高温季节尤其不宜长时间开机。

收看完电视后，不要忘记切断电源。不仅要关电视机上的开关，还要把插头从插座上拔下来。

电源电压要正常。民用电一般采用单相额定压 220 伏，按照电视机使用技术要求，电压不能超过额定电压的±5%，即不高于 231 伏，不低于 201 伏。否则，就要采取措施，使电压恢复到正常值再开，或关闭电视。

要定期使用干燥的毛巾清理电视机表面的灰尘，保证散热口通畅。同时如果电视机温度过高，它也会成为一个火灾隐患。

电视机在使用过程中，要防止液体进入电视机，使电视受潮或引发电路故障。

室外天线或共同天线要有防雷设施，雷雨天尽量不要使用室外天线（并将室外天线接地），最好关掉电视，拔下天线和电源插头，防止电视受雷击烧坏。

发现电视机有异常响声和机内有烟雾时，应立即停机，关闭电源和拔掉插头，请专业人员检修。

使用煤气和液化气的防火知识

为了安全，必须严格执行行液化石油气炉灶的管理规定，确保炉灶在完好状态下使用。

在厨房里，钢瓶与灶具要保持 1～1.5 米的安全距离，并保持室内空气流通。

要经常检查炉灶各部位，发现阀门堵塞、失灵、胶管老化破损等情况，要立即停用修理。如发现室内有液化石油气气味，要立即关闭灶开关和角阀，切断气源，及时打开门窗，并关闭相邻房间的门窗进行隔离。严禁在周围吸烟、划火、关闭电器开关。检查泄漏点可用肥皂水，不能用使用明火试漏。

用完炉火，应关好炉灶的开关、总阀或户内供气管的阀门，以减少因意外而使气体溢出的机会。

使用液化气炉灶不能离开人，锅、壶不能装水过满，以防饭菜、水流出扑灭炉火，溢出液化气。

钢瓶要防止碰撞、敲打，周围环境温度不得高于 35℃，不得用明火烘烤和用热水加热，不得与化学危险品混存。

钢瓶不得倾倒、倒置，严禁用自流的方式将液化气从一个钢瓶倒入另一个钢瓶。

不得自行处理残液，残液应由充装单位统一回收。不允许随意排放液化气。

发现角阀压盖松动、丝扣上反、手轮关闭上升等现象，应及时与液化气站联系，请专业人员处理。钢瓶不得带气拆卸。

万一液化气瓶着火时，千万不要惊慌，千万不可抱着着火的气瓶往外跑，也不要用水去泼或用棉被去盖住，更不能把气瓶拉

倒往外踢，使得瓶内液体流出。

此时首先应该将气瓶上的直角阀迅速关闭，断绝气体的出口。如果备有干粉灭火剂，可以先用干粉灭火，再去关直角阀，但要用湿毛巾套在手上再去关掉阀门，防止被烧伤或烫伤。很多时候是因为人们惊慌把瓶子撞倒了，倒地的气瓶会使液态气通过直角阀、减压阀或经皮管泄漏出来，造成更大威胁。对倒地的气瓶，要想办法扶正，使其直立。如果直角阀一时无法关闭，则不应该忙于灭火，应先往瓶上及四周大量浇水冷却，同时移开附近的可燃物。

发现气体泄露时，要注意通风，避免液化石油气聚集。如果气瓶胀裂，大量液化石油气跑漏，在一定范围内将出现白色雾状气层。此时，断绝该场所和附近的火源最为重要，以防爆炸。必要的时候，可报警。

火灾中避险逃生应掌握的基本要领

火灾初起时，一般火势都不会很大，这是减灾和避险的关键时刻。这个时刻掌握得好，小火就不会酿成大灾。

为了尽可能减少损失，在消防车到达现场前，应设法扑救。但不要盲目打开门窗，以免空气对流，造成火势扩大蔓延。除用灭火器灭火外，还可就地使用沙土、毛毯、棉被等简便物品覆盖火焰灭火。及时组织人员用脸盆、水桶等传水灭火，或利用楼层内的墙式消火栓出水灭火。

油锅起火，不能用水浇油锅中的火，应马上熄掉炉火，迅速用锅盖覆盖灭火。电视机、电脑着火，在切断电源后，应用毛毯、棉被灭火，人要站在侧面，防止显像管爆裂伤人。

突遇火灾，面对浓烟和烈火，首先要强令自己保持镇静，迅速判断火势来源和安全地点，决定逃生的办法，尽快撤离险地。千万不要盲目地跟从人流和相互拥挤、乱冲乱窜。撤离时要注意，向火源相反方向逃生或外面空旷地方跑。

在火场中，人的生命是最重要的。身处险境，应尽快撤离，不要因害羞或顾及贵重物品，而把宝贵的逃生时间浪费在穿衣或寻找、搬离贵重物品上。已经逃离险境的人员，切莫重返险地。

逃生时经过充满烟雾的路线，要防止烟雾中毒、预防窒息。为了防止火场浓烟呛人，可采用湿毛巾、口罩蒙鼻、匍匐撤离的办法。烟气较空气轻而飘于上部，贴近地面撤离是避免烟气吸入的最佳方法。穿过烟火封锁区，应佩戴防毒面具、头盔、阻燃隔热服等护具，如果没有这些护具，那么可向头部、身上浇冷水或用湿毛巾、湿棉被、湿毯子等将头、身裹好，再冲出去。

火灾发生时，如果身上着火，千万不要惊慌失措，东奔西跑或胡乱拍打。因为奔跑时形成的小风会使火烧得更旺，同时跑动还会把火种带到别处，引燃周围的可燃物；也不能胡乱拍打，往往顾前顾不了后，在痛苦难熬中，一旦支持不住，就会造成严重烧伤，甚至丧失生命。所以，一旦不幸身上着火，首先应该设法脱掉衣帽。如果来不及脱掉，可以把衣服撕破扔掉。若这些都来不及做，可以在没有燃烧物的地方倒在地上打滚，将身上的火苗压灭；如果有其他人在场，可用麻袋、毯子等把着火人的身体包裹起来，就能使火熄灭；或向着了火的人身上浇水，或帮着将烧着的衣服撕下来，但切记不可用灭火器直接向着了火的人身上喷射，以免其中的药剂引起烧伤者的伤口感染。

如果火场周围有水缸、水池、河沟，可以取水浇灭，不要直接跳入水中。因为虽然这样可以尽快灭火，但对以后的烧伤治疗不利。同样，头发和脸部被烧着时，不要用手胡拍乱打，这样会

擦伤表皮，不利于治疗，应该用浸湿的毛巾或其他浸湿物去拍打。

按规范标准设计建造的建筑物，都会有两条以上逃生楼梯、通道或安全出口。发生火灾时，要根据情况选择进入相对较为安全的楼梯通道。除可以利用楼梯外，还可以利用建筑物的阳台、窗台、天面屋顶等攀到周围的安全地点，并沿着落水管、电线杆、避雷针引线等建筑结构中的凸出物滑下楼脱险。同时应注意一次下滑的人数不宜过多，以防止逃生途中因管线损坏而使人坠落。在高层建筑中，电梯的供电系统在火灾时随时会断电而把人困在电梯内，同时由于电梯井犹如贯通的烟囱般直通各楼层，剧毒的烟雾直接威胁被困人员的生命，因此，千万不要乘普通的电梯逃生。

高层、多层公共建筑内一般都设计有高空缓降器或救生绳，人员可以通过这些设施安全地离开危险的楼层。利用身边的绳索或床单、窗帘、衣服等自制简易救生绳，并用水打湿，从窗台或阳台沿绳缓滑到下面楼层或地面。

若万不得已非跳楼逃生不可，此时也要讲究方式方法：如果消防队员已备好救生气垫就往救生气垫中部跳，没有救生气垫要选择有软雨篷的地方、汽车顶棚或草地等松软处，这样伤害会更小；如有可能，要尽量抱些棉被、沙发垫等松软物品或打开大雨伞跳下，以减缓落地时的冲击力。如果徒手跳楼，一定要扒住窗台或阳台使身体自然下垂跳下，以尽量降低垂直距离，落地前要双手抱紧头部身体弯曲卷成一团，以减少伤害。

被烟火围困暂时无法逃离的人员，应尽量待在阳台、窗口等易于被人发现和能避免烟火近身的地方。在白天呼救可以向窗外晃动鲜艳衣物，或外抛轻型晃眼的东西；在晚上呼救，可以用手电筒不停地在窗口闪动，或者敲击东西，及时发出有效的求救信号，引起救援者的注意。

商场突发火灾时如何逃生

商场是人群聚集活动的场所。起火后要保持冷静，避免慌乱。不要盲目追随，要正确判断火势，沿正确的方向及时撤离。

当你所处商场火灾初起时就被发现，可趁火势很小之际，用灭火器、自来水等灭火工具在第一时间去扑救，同时还应呼喊周围人员出来参与灭火和报警。千万不要惊慌失措地乱叫乱窜，甚至置小火于不顾而酿成大灾。

商场起火后，商场员工和顾客首先应考虑利用疏散通道逃生。

每个商场都按规定设有室内楼梯、室外楼梯，有的还设有自动扶梯、消防电梯等，发生火灾后，尤其是在初起阶段，这些都是逃生的良好通道。

在下梯楼时应抓住扶手，以免被人群撞倒。

不要乘坐普通电梯逃生。因为发生火灾时，停电也时有发生，无法保证电梯的正常运行。

当楼梯、通道已被堵死时，应保持镇静，立即选择从别的安全地方转移，可以从别的楼梯或室外消防梯走出险区。

如果不能直接向外冲时，可在头部、身上浇些冷水，并用湿毛巾、湿被单等将头部包好，用湿棉被、湿毯子等将身体裹好，再试图冲出火区。如果火势及浓烟太大，可用口罩或毛巾捂住口鼻，身体尽量贴近地面爬行，通过火区。

商场商品种类繁多，发生火灾后，可利用逃生的物资是比较多的：

毛巾、口罩浸湿后可作为防烟工具捂住口、鼻，利用绳索、布匹、床单、地毯、窗帘等来开辟逃生通道；

如果商场还经营五金等商品，还可以利用各种机用皮带、消防水带、电缆线等来开辟逃生通道；

商场经营的各种劳动保护用品，如安全帽、摩托车头盔、工作服等可以避免烧伤或被坠落物体砸伤。

如果被困在二楼等较低楼层，先向楼外扔一些被褥、床垫等做垫子，然后将床单或结实的窗帘布等撕成布条，结成绳拴在窗框或建筑设施上，沿绳缓缓爬下；如果被困在三楼以上，千万不要急于往下跳，距地面太高容易造成伤亡。

影剧院突发火灾时如何逃生

影剧院着火时，人多，疏散通道少，这就给人员逃生带来了很大的困难。在这种环境下，该如何迅速逃生呢？

首先，应选择安全出口逃生。

影剧院里都设有消防疏散通道，并装有门灯、壁灯、脚灯等应急照明设备。用红地白字标有“太平门”、“出口处”或“非常出口”、“紧急出口”等指示标志。发生火灾后，观众应按照这些应急照明指示设施所指引的方向迅速选择人流量较小的疏散通道撤离。

当舞台发生火灾时，火灾蔓延的主要方向是观众厅，厅内不能及时疏散的人员，要尽量靠近放映厅的一端寻找时机进行逃生。

当观众厅发生火灾时，火灾蔓延的主要方向是舞台，其次是放映厅。逃生人员可利用舞台、放映厅和观众厅的各个出口迅速疏散。

当放映厅发生火灾时，由于火势对观众厅的威胁不大，逃生人员可以利用舞台和观众厅的各个出入口进行疏散。

发生火灾时，楼上的观众可从疏散门由楼梯向外疏散。楼梯如果被烟雾阻隔，在火势不大时，可以从火中冲出去，虽然人可能会受点伤，但可避免生命危险。此外，还可就地取材，利用窗帘等自制救生器材，开辟疏散通道。

在撤离火灾现场时，可能会遇到各种情况：浓烟滚滚、视线不清、呛得人喘不过气来，此时不要站立行走，应该迅速地趴在地面上或蹲着，以便寻找出口进行逃生。因为由于烟比空气温度高，通过对流作用，在无风条件下会以 3～4 米/秒的速度沿楼梯间等竖直管道向上扩散，以 0.3～1.0 米/秒的速度沿走廊横向蔓延，起火后烟会很快地弥漫全楼。烟气先在天花板上聚拢，与下面的新鲜空气形成一个分界面——中性面。随着烟越来越多，中性面渐渐下降，人们要呼吸的新鲜空气位于靠近地板处。烟的出现，严重地降低了逃生允许的时间，并使应急照明功能降低，当可见度降到了 3 米以下时，人在陌生的环境里就难以逃离。如有可能，要尽量用些毛巾等织布浸水堵住口鼻以减小中毒。

疏散时，人员要尽量靠近承重墙或承重构件部位行走，以防坠物砸伤。特别是在观众厅发生火灾时，人员不要在剧场中央停留。

必须要注意的是，疏散人员要听从影剧院工作人员的指挥，切忌互相拥挤、乱跑乱窜，堵塞疏散通道，影响疏散速度。

宾馆突发火灾时如何逃生

当你住进旅馆后，为了在火灾发生后能及时逃生，一住进大楼就应该弄清楚自己所处的位置，记住消防楼梯的入口处和避难层在自己房间的左边或右边的什么地方，有多远，中间需要经过

几扇门，有什么特征。因为一旦发生火灾，整幢大楼会被烟雾充斥，目力所及非常有限，这时仅能凭触觉和感觉到达较为安全之处。很多旅馆和酒店的房间或走廊都贴有火警逃生路线图，进房后应仔细看一遍，并切记从你客房到安全门的最佳路线，否则情况紧急时就来不及了。

旅客住进旅馆或酒店房间后，应试着推开防烟门，如果上了锁，应该叫服务员把锁打开；看看你的客房浴室是否有排气孔，一旦着火，可打开排气孔排烟；打开窗户看看外面是否有阳台。还要将旅行中带着的手电筒放在床头柜，一旦旅馆起火、电路中断而一片漆黑时，手电筒能使你镇静，并提供寻找出口的便利。

一旦发现自己客房起火，要及时撤离，不要因顾及你的行李等贵重物品，而延误逃生时间而丧生。如果在熟睡中被烟呛醒，不要急着坐起观察情况再行动。如烟是从房外传来，不要急着打开房门，可以通过门上窥视孔或用手触摸门（试温度）等来判断火情。如果看到门外有火苗，千万别打开门，以免使自己被涌入的火焰和浓烟的危害。如果房外火情严重，打开门后要爬行逃离，因为烟层已将新鲜空气压在靠近地面的地方。

从客房逃出后，应迅速赶到安全门，进去后将门关上，以防浓烟充满安全楼梯竖井。假如安全楼梯竖井没有烟，要迅速下到楼底，逃离建筑物；如果楼梯遭浓烟或大火封锁，切勿试图过去，应及时冲向楼顶，到达楼顶时打开安全门并让它开着，然后站在迎风处等待救援。要记住：楼顶是第二安全避难所。

逃生时如经过充满烟雾的地方，要防止烟雾中毒窒息。火灾中真正烧死者不多，绝大多数是烟雾窒息死亡。为了防止火场浓烟呛人，可采用湿毛巾捂住口鼻，匍匐爬行的办法。

高层、多层公共建筑内一般都设有高空缓降器或救生绳，被困人员可以通过这些设施安全地离开危险的楼层。如果没有这些

专门设施，你可以迅速利用身边的绳索或床单、窗帘、衣服等自制简易救生绳，并用水打湿，从窗台或阳台沿绳缓滑到下面楼层或地面。

家庭预防火灾的安全措施

为了给自己和亲人营造一个安全的家，平时应该主动消除家中的各种火灾隐患，在使用明火时时刻注意防火。

首先，要把好装修关，杜绝火灾隐患。主要是严把材料关，尽量不用或少用易燃、可燃材料。必须用时，应做好防火处理；再有就是要把好通道关，保持方便快捷的通路。用于防盗的防盗门、窗户和阳台护栏往往成为逃生的障碍物。因此，在安装护栏、防盗门等的时候，不但要考虑防盗，还应考虑逃生。防盗门应易于开启，窗户和阳台护栏应在适当地方留下活动开口，便于在紧急情况下开启逃生。

要时常检查家中的各种电器和线路，避免电气火灾。电暖器、取暖炉等要远离家具、电线、电器设备等；睡觉前或家中无人时，要切断电视机、电脑、电风扇等家用电器的电源；接通电烙铁的电源后，人员不要离开；不要把衣物、纸张等易燃物品靠近电灯、电暖气和炉火等；如果发现墙上电闸盒保险丝熔断，灯光闪烁，电视图像不稳，电源插座发烫，开关或电源插座冒火星等，要立即请电工进行检查修理；买回新的电器之后，应认真阅读其使用说明书；晚上睡觉前，应检查电视机、电暖器、微波炉等电器开关是否已切断并拔掉电源。

管理好厨房煤气和灶具，防止厨房火灾。多数家庭火灾发生在厨房，所以做饭时人尽量不要离开，灶具在开着时不能长时间

无人看管；不要把食品、毛巾、抹布等放在煤气炉等炉具上；烧水做饭时注意不要让溢出物浇灭炉火；要经常清除炉具上的油污和溢出的食物；学会用锅盖或大盘子扑救较小的油火，千万不要在油火上泼水；煤气炉的火星会引燃汽油、油漆、干洗剂等的挥发气体，所以应避免把这些东西放在厨房内，更不要把它们放在炉具上；晚上睡觉前，或者白天出门前，一定要检查炉灶，关好煤气，以免煤气泄漏发生火灾和爆炸。

管理好家中的可燃、易燃油品，避免油品火灾。家庭使用汽油、煤油等易燃物时，必须做到：

禁止使用塑料容器储存汽油。虽然塑料容器属绝缘性材料，但向塑料桶内灌装汽油很容易引起静电着火。

易燃品不能存放在厨房、卧室、以及孩子易于拿到的地方，不能与其他易燃物放在一起；

汽油、煤油不混合用于煤油炉当燃料。

禁止直接往火炉炉膛、炉口倒汽油、煤油。

不能用汽油擦拭化纤衣物上的油渍。使用车用汽油擦拭沾有油渍的衣物，人的皮肤会产生铅中毒。使用溶剂汽油擦拭衣服，如摩擦剧烈，会产生静电火花，形成火险。

如果住楼房要保持楼道清洁整齐，不在出口走道内或者楼道内堆放杂物，以免影响疏散的顺利进行。如有必要，家庭可以配备灭火器，这样可以使你在家庭火灾中死亡的可能性减少一半。有条件的家庭可安装火灾报警器，并定期检查。

在平时做好家庭火灾的逃生计划

任何家庭都有发生火灾的可能和危险。为了避免当火灾发生时，家庭成员由于措手不及而导致悲剧的发生，因而每一个家庭都要在平时做好火灾的逃生计划。家庭火灾逃生计划的制订要求家庭的每一个成员都参加讨论，当火灾一旦发生时，让其知道应该如何疏散逃生、自救、互救、甚至急救的方法。

在这方面，某些发达国家的做法是值得借鉴的。美国政府倡导每个家庭都要根据自己的住宅特点制订家庭火灾逃生计划，家庭成员一起开会，商量、讨论这一计划的可行性，有无改进点，然后定期进行家庭火灾逃生的演练。在每年一度的防火周（时间是每年 10 月包括 10 月 9 日的那一周）每家需将这一计划交由社区消防人员进行复印，原件帖到自己家的冰箱上做展示，复印件（副本）将放到消防队里。消防队员对那些逃生计划做得好的家庭给予奖励。

有效的家庭火灾逃生计划应包括下列几个要素：

在家里的可安装烟雾报警器。每月启动一次测试检测报警器是否能用，并且每半年更换一次电池或在报警器发出电力过低警报时更换电池。

每个房间要有两条逃生通道。第一条可以经由房门出入，第二条则可以从窗户出去。

住楼房的人要熟悉楼房中无阻碍且容易使用的安全通道。画一张住宅环境平面图，注明所有的门、窗以及每一个烟雾报警器的位置。如果门窗安装了安全栅栏，要配备快拆设施。

平时事先选择一个有一定安全性的地方作为火灾时逃生的全家的会合地点，并在逃生计划中加以注明。一个好的会合地点可能是周围的一棵树、一根电线杆，或是别的朋友的家中。告诉家人，万一失火，每一位家庭成员都应该在会面地点集合。

每一个人，包括学龄前儿童都要接受火灾逃生的知识培训。如果有婴儿或限制行为能力的人，家庭中就应该指定哪些人来协

助他们逃生。

每一位家庭成员至少每年要参加两次逃生计划的训练演习，以掌握疏散逃生的基本方法。了解如穿过烟雾区时，用湿毛巾捂住鼻孔，低姿势快速穿过等火灾中的应急自救知识。

逃生计划要尽量简单，以便每个人能够记住重要细节，因为火灾发生时情形非常急迫，可能造成混乱。还应该条理清晰、要点突出，这样才能达到最佳的效果。家里的每个成员都要熟悉火灾逃生中的出口，最好集体演习一次让全体家庭成员试着从每个房间徒步走向逃生出口，这样可以确定是否所有的逃生出口在火灾时可以正常使用。

在具体制订家庭火灾逃生计划时，可参考如下步骤：

(1) 画一幅标明家庭房间位置的平面图。在纸上画出家局的平面图，如果你家的房子超过一层，记得每层都画一个平面图。

(2) 在图上标出所有可能的逃生出口。记得一定要把家里所有的房门、窗户、楼梯都标注在图上，这样能够让你和家人对紧急情况下家里的逃生路线一目了然。同时，请别忘记标注住房子周围的疏散楼梯。

(3) 如若可能，尽量为每个房间画出两条逃生路线。房门当然是每个房间的主要逃生出口。但是，如果房门被大火和浓烟封堵，就需要另外一个逃生出口，例如窗户。所以，一定要确保家里的窗户能够自如开启，并且让家里的每个人都清楚知道逃生的路线。如果窗户安装了防盗锁，那么一定记得在家里准备锤子等应急工具以免火灾时锁打不开，或安装一个活动防盗窗，以便在紧急情况时能够开启这扇防盗窗。

(4) 重点关注火灾发生时家里其他需要帮助的成员。制订家庭火灾逃生计划一定要提前考虑到紧急情况下家里需要帮助的小孩、老年人或者残疾人等。事先的规划能够帮助你在紧急情况下

争取到关键的逃生时间！

(5) 在户外确定一个会合点。在您的房子外面确定一个家庭所有成员都知道的并且是明显的标志作为逃生会合点。这样一旦火灾发生，家庭成员都能逃离火场直接到会合地点集中，这样能够尽快确定所有家庭成员是否全部成功逃生。

也可考虑选择两处作为集合的地方。一处是家庭住宅外面小区的适当地方，另一处是所在小区的外面，适于发生一般家庭火灾或小区重大火灾。

最后，要向家人说明制订逃生计划的重要性，万一灾难发生时家庭成员不在一起，每个人都可以知道如何行动。

五

青少年必备的交通安全常识

据有关部门统计，目前中国约每 5 分钟有一人因车祸死亡，每 1 分钟有一人因车祸致残，每天死亡约 200 多人，每年死亡约 8 万人，其中有近 20%是 14 岁以下的儿童。每天，至少有 19 名 15 岁以下的中国孩子因道路交通意外而死亡；77 人因道路交通伤害而受伤。少年儿童交通事故死亡率居全球首位，是欧洲的 2.5 倍、美国的 2.6 倍。交通安全问题是个不容忽视的非常严重的问题。交通安全人人有责，青少年一定要加强交通安全意识，严格遵守交通法规，并培养在危险状态下的自我保护、应变和逃生能力。

常见道路交通事故的特点

交通事故也称车祸，是指车辆在道路上因过错或者意外造成人身伤亡或者财产损失的事件。交通事故常被称为“世界第一大公害”。“车祸猛于虎”是对交通事故的真实写照。

自1899年纽约发生第一例因车祸致死事故后，全世界死于交通事故的人数至今已超过4000万。近年来，全世界每年死于车祸者可能多达300万。道路交通事故的经济损失不可低估：在低收入国家约占GNP1%，中度收入国家约占1.5%，高收入国家约占2%。

中国的交通事故死亡人数居世界第一，每年在10万人左右，平均每天死亡约300人。

有专家总结常见交通事故的特点如下：

伤亡率高，并且有逐年增加的趋势。

交通事故最常见的损伤是挫伤和骨折，以开放性骨折多见；受伤部位大多为头、四肢、胸部复合伤、多发伤也较多；致残致死率高。

乘车人以撞击伤、摔伤、挤压伤、穿刺伤较多见。主要死因是头部损伤、严重的复合伤和辗压伤。

路人以撞击、摔伤、碾压多见。

两车相撞时，颈部伤普遍存在。

严重的伤者颅脑损伤、血气胸、肝脾破裂多见；脊柱骨折、脱位、截瘫多见。

约有半数交通事故病人死于院前阶段。

交通伤后有3个死亡高峰：事故现场为死亡第1高峰，死亡

率约占全部死亡数的50%；伤后1～2小时为第2高峰，死亡率约占35%；入院后30小时内为第3高峰，死亡率约占15%。

受伤人群包括任何年龄组，但常见于青壮年，男性多于女性。

交通事故发生高峰为每月下旬，时间为下午18：00～22：00之间。

二、三级公路交通死亡事故多，农村道路交通事故多。

高速公路由于车速快，车流量大等特点，一旦发生车祸，多发伤比例大，死亡率高。且由于高速公路两个出口之间距离较长，一旦发生交通事故，救援人员到达现场时间较长，容易延误伤者的抢救；由于堵车，甚至反方向逆行，如果横穿隔离带救治伤员，容易造成施救人员受伤。

事故发生后，如果既要保护事发现场，同时又有很多伤员需要急救，那么会让交通事故的救治更加困难。

行人应该如何保证交通安全

行人在道路上通行时是道路交通中的弱者，只有严格遵守交通安全法律法规规定，增强自我保护意识，才能防止交通事故发生，保证自身安全。那么，行人应如何注意交通安全呢?

(1) 遵守交通法规，注意安全

首先，要讲究交通公德，遵守交通法规，严守交通信号，听从交通民警指挥。

行人应行走在人行道内，没有人行道的要靠右边行走，即在从道路边缘线算起1米内行走。

不要在道路上玩耍、坐卧或进行其他妨碍交通的行为；不要

钻越、跨越人行护栏或道路隔离设施。

学龄前儿童应当由成年人带领在道路上行走；高龄老人、行动不便的人上街最好有人搀扶陪同。

走路要专心，注意安全，不要边走边打手机或听音乐或做其他事分散注意力。

（2）过路口要特别注意安全

行人横过城市街道或公路时，属于借道通行，应当让在其本道内行驶的车辆或行人优先通过。为确保自身安全和取得横过道路的优先权，行人横过城市道路时，首先应当选择离自己最近的人行横道、人行过街天桥或地道通过。其次是在通过人行横道时，有信号灯控制的应当遵守信号灯的规定，绿灯亮时，要迅速通过；没有信号灯控制的，应看清来往车辆，直行通过，千万不要与车辆抢道，或相互追逐、猛跑。

在没有人行横道的地方横过道路，应该先左看、后右看、再左看，确认安全后直行通过；横过多条车行道，或者车行道的车流量比较大时，可以采取“左右左”看、一条一条车道通过，不要慌张。

横过道路时，不要突然改变行走路线、突然猛跑、突然往后退，更不能在车辆临近时突然横穿或者中途倒退、折返。行人列队横过道路时，须从人行横道迅速通过；没有人行横道的，应直行通过，不要斜穿。

行人通过铁路道口时，一是在遇有道口栏杆（栏门）关闭、音响器发出报警、红灯亮时，或看守人员示意停止行进时，应站在停止线以外，或在最外股铁轨 5 米以外等候放行。二是在遇有道口信号两个红灯交替闪烁或红灯亮时，不能通过；绿灯亮时，才能通过。三是通过无人看守的道口时，应先站在道口外，左右看看两边均没有火车来临时，才能通过。

(3) 特殊天气要特别小心

雨天、雾天、雪天，走路更要小心，以防碰撞或跌倒。在下雪、结冰道路上行走时，要精力集中，最好穿防滑的胶鞋，尽量不穿平底无花纹的鞋，身体重心尽量放低，小步慢行。由于汽车在下雪、结冰道路上制动距离要比在正常路面上长，由于路滑还会出现刹车侧滑、掉头失去控制的情况，所以在这种天气里，一定要在人行道或靠路边行走，尽量离车行道远一些；横过道路时，要先站在路边调整好雨帽、雨伞的角度，不要让它挡住自己的视线，待看清确实没有危险时，再小心通过。千万不要猛跑抢行，或在两车之间穿行，更不要突然改变行走方向或后退。

夜间走路要防止意外事故的发生。因夜里走路，能见度低，须格外小心，不然，有可能会滑进路旁的阴沟里，摔进施工挖的土坑里，后果不堪设想。因此，夜间行走时，要尽量走自己熟悉的路段，要注意观察路面的情况，及时发现异常情况，以防不测。

(4) 出现交通意外要得体应对

如果行走时发生意外，应立即做出反应，尽量靠路边避让，避免发生正面碰撞和防止被其他车辆再次碰撞。

与机动车辆发生事故时，应立即拨打报警电话，并记下肇事车辆的车牌号等候交通警察来处理。如果伤势严重，赶快拨打电话或用其他方式求助。

与非机动车发生事故时，双方应尽力协商，不能协商解决的，立即报警。及时检查伤情，如伤者伤势较重，应求助他人迅速将伤者送附近医院检查救治或拨打求助。

遇到肇事逃逸者，记下肇事车辆的车牌号；看不清车牌号时，

注意车型、颜色、新旧程度，请求旁人帮助并及时报警。

发生高空坠物伤害事故时，注意观察是否有物体继续下落，迅速移至安全地，检查受伤情况，采取初步的救护措施，并报警求救，保护好现场，以便相关部门调查取证和有效解决事故。

非机动车如何注意行驶安全

2011 年 3 月 31 日下午 5 时许，福建省南安市 11 岁的小学生小唐骑着自行车沿 308 省道行驶时，和一辆相向行驶的面包车相撞，飞出 5 米后身亡。

2012 年 10 月 9 日下午 6 时许，珠海市斗门区白藤头路口发生一惨剧，一辆混凝土搅拌车将骑自行车的红旗中学初一女学生小黄被卷入车底，辗成重伤……

类似这样的事故并不新奇。我们国家号称“自行车王国”，成千上万的人骑着自行车。自行车之所以能成为人们喜爱的交通工具，在道路交通中占有重要地位，主要原因是自行车轻便、灵活，用途广泛、适用性强；价格便宜，维修方便。但是，自行车没有防护装置，启动速度慢，重心很不稳定，危险性大，一旦疏忽就容易与其他车辆相撞而发生交通事故。骑自行车一定要遵守交通规则，正确操作，注意安全，千万不要掉以轻心。

(1) 遵守交通标志和信号灯

为了减少不必要的危险和伤害，在划分机动车道和非机动车道的道路上，自行车应在非机动车道行驶。

在没有划分中心线和机动车道与非机动车道的道路上，机动车在中间行驶，自行车应靠右边行驶。

驾驶非机动车必须遵守交通标志和交通标线的规定，不能在自行车道上逆向推行。

要遵守道路交通安全法，服从指挥灯信号：绿灯亮时，准许车辆通行，但转弯的车辆不准妨碍直行的车辆和被放行的行人通行；黄灯亮时，不准车辆通行，但已越过停止线的车辆，可以继续通行；红灯亮时，不准车辆通行；绿色箭头灯亮时，准许车辆按箭头所示方向通行；黄灯闪烁时，车辆须在确保安全的原则下通行。

车辆遇有灯光信号、交通标志或交通标线与交通警察的指挥不一致时，服从交通警察的指挥。

(2) 不同情况下都要注意行驶的安全

自行车转弯前须减速慢行，向后瞭望，伸手示意，不准突然猛拐。

超越前车时，不准妨碍被超车的行驶。

通过陡坡，横穿四条以上机动车道或途中车闸失效时，须下车推行。下车前须伸手上下摆动示意，不准妨碍后面车辆行驶。

不准双手离把，攀扶其他车辆或手中持物。

不准牵引车辆或被其他车辆牵引。

同别人结伴骑车上路不要扶身并行，更不可互相追逐或曲折竞驶。

不要抢路，尤其是不要和汽车抢路，以免出事；不要逞强，如上坡时用力过猛易拉断链条，下坡时不捏闸易失去控制而酿成大祸，弯路上不减速易冲出路面；不要在夜间和恶劣天气条件下骑车。

遇有雨天，在骑车时不要撑雨伞，可以穿雨衣。

骑车时，思想要集中，不要用耳机听音乐，也不要边骑行边

接打手机。

自行车、三轮车或残疾人专用车的车闸、车铃、反射器必须齐全，保持有效。

自行车和三轮车不准安装机械动力装置。

未满 12 岁的儿童，不准在道路上骑自行车、三轮车。

自行车在大中城市市区或交通流量大的道路上载物，高度从地面算起不准超过 1.5 米，宽度左右各不准超出车把 15 厘米，长度前端不准超出车轮，后端不准超出车身 30 厘米。

大中城市市区不准骑车带人，但对于带学龄前儿童，各地都有自己的规定，要按规定执行。

市区边缘道路和城区外的道路多为混合交通，道路设施不齐备，秩序也较混乱，在这种环境下，我们骑车时就要特别注意安全。

(3) 即使跌倒也不要惊慌

骑车时首先要谨慎小心，避免跌倒。但是，万一发生意外，将要跌倒时，与其拼命保持平衡，还不如索性摔倒。因为勉强保持平衡，就容易忽视了自我保护，当未能平衡而摔倒时，往往会导致严重的挫伤、脱臼或骨折等后果。所以，骑车遇到意外时应果断处理。可以迅速地把车子抛掉，人向另一侧跌倒。此时全身肌肉要绷紧，要尽可能用身体的大部分面积与地面接触。不要用单手、单脚或单肩着地，更不能让头部首先落地。

乘坐汽车时的安全防范措施

汽车是我们外出旅行和日常活动最常用的交通工具，但车祸

的危险也可能时时伴随着我们。因此，我们特别需要了解一些关于乘车安全方面的知识。

(1) 乘坐公交要小心谨慎

严禁携带易燃、易爆品上公交车。

乘坐公共汽车、电车和长途汽车，须在站台或指定地点依次候车，不要妨碍了公交车辆的正常靠站停车，以免危害自己的人身安全。

在乘坐乡间私营的公共汽车时，要特别注意汽车的车况和载客量。由于汽车的严重故障或是严重超载引起的惨祸经常见诸报端，成为我们不能不高度注意的前车之鉴。遇到这类情况，宁可等下一班车。

待车停稳后，先下后上，因为在车子还没停稳的时候，如果大家突然拦在车前，往往会使驾驶员措手不及，同时因为候车人的争抢，不巧被人挤倒或把他人挤倒，都可能引发事故。所以一定要记住，先下后上，不要争抢。

上车时将物品或行李置于胸前，以免被挤掉，或被车门夹住。

上车后有座位一定要坐，没有座位时要扶住车坐椅上的把手，车门附近不要站立，以免被车门挤伤或者车门突然打开造成摔伤。

要注意坐法。车子在遇到猛烈的冲击时，人体会向前倾倒，接着反弹向后恢复原位，而脖子也跟着向后用力冲击，因此容易撞到颈椎，严重的会导致伤害。如果侧着身体，就能有效保护脖子。其次，人体在向后恢复原位时身体容易因惯性再向前猛倒，头、脸有撞到前面坐椅靠背的危险。避免的方法是立即伸出一只脚，顶在前面坐椅的背面，并张开手掌，如像拳击手保护头、脸一样护住头和脸。

如果有条件，要系好安全带。研究发现，如果乘客没有扣上

安全带，座上的乘客更危险，而且他本身的重量加上相撞时的冲力，会对自己和其他乘客安全构成极大的威胁。

乘坐公共汽车时如果没有座位，要站稳抓牢。车辆在起步、停车和紧急刹车时，都有个速度变化过程，尤其在车速较快和转弯时更是如此。这时车内乘客由于惯性作用，常常发生身体前倾或后倒，如不抓稳车上的扶手，非常容易跌倒。儿童人小体弱，如不注意抓稳扶牢，比大人更容易摔跤。如果乘客拥挤还会造成挤伤、压伤的事故。

为了能在车上站稳抓牢，在车上要抓牢扶手，尤其是站立时更要如此，不可只倚在座位的靠背或柱子上；不要在车内奔跑打闹，同伴间要相互扶持。

在车上千万不要吃带棍或有尖头的食物，比如肉串、糖葫芦等。

乘坐车辆时，不要看书（否则会损害眼睛）、向外抛洒物品、跳车、掏耳朵、咬舌头。

不可随意按动公共交通工具上的各种按钮、或挪动电器设备。

车辆快到站时，要提前做好下车准备；下车时不要着急，要带好自己的随身物品，等车停稳后按顺序下车；下车后，不要突然从车前车后走出或猛跑穿越马路，防止被来往车辆撞上。

（2）乘坐出租车要注意安全

不要在车行道上招呼出租车，以免被疾驰而至的汽车、自行车撞伤。

上了出租车，要关好车门，并按下门锁，系好安全带。

出租车开动后，不要触动门的开关，以免引起事故。

下出租车时，注意检查所带物品有否遗落，按计价器金额付费，并索要发票，以免有东西遗忘在车上后可及时按车票上的车号及电话与司机联系。

乘坐出租车到达目的地后，要开右边的门下车，同时要注意有无车辆或行人通过。

车辆行进中，不要将身体的任何部分伸到车外，防止被车辆剐撞，或被树木、建筑物剐撞。同时，机动车在行驶中，严禁乘车人扒车和跳车。

乘车人不要同司机攀谈，不应催促司机开快车，或用其他方式妨碍司机正常驾驶。

(3) 发生事故时，不要惊慌

车辆发生事故时，不要惊慌，应听从驾驶员的指挥，有序离开车厢。

遇到路况特别不好的道路，特别是一些事故多发路段，如下陡坡、急转弯等等，最好保持清醒，随时观察前方和车外的情况。一旦发生由于车辆机械故障或是路面原因造成的车辆失去控制，要及时判断，果断处理，必要时跳车求生。

当你乘坐的汽车发生翻车或撞车时，如果你能提前发现险情，就要紧握面前的扶手、椅背，同时两腿微弯，用力向前蹬地。这样，即使身体受到碰撞，由于双手可以向前用力，撞击力会消耗在手腕和腿湾之间，缓解了身体前冲的速度，从而会减轻受伤害的程度，使身体不致造成重伤。车祸发生得十分突然，来不及做缓冲动作的情况下，坐在前排的人要抱头迅速滑下座位，以防头部由于惯性冲向挡风玻璃；后排的人要迅速抱住头部并缩身成球形，这样可以减少头部、胸部受到的撞击。假如汽车发生翻倒或翻滚，双手要紧紧握住座位，双脚死死抵住车厢，与车辆保持同轴滚动，使身体不在车内来回碰撞。车辆撞损后往往起火甚至发生爆炸，因此，要尽快逃离车辆，必要时要用脚、肘甚至裹着衣

物的拳头击碎车窗玻璃逃生。

公交车窗户上的玻璃都是钢化玻璃，用手是砸不破的，钢化玻璃的中间部分是最牢固的，四角和边缘是最薄弱的。遇到紧急情况，乘客可以取下车上的应急尖锤，用锤尖敲击车窗 4 个角的任意 1 角近窗框距边 5 厘米左右位置；钢化玻璃砸中间是没有用的！方法是手持救生锤，以 90 度方向锤敲玻璃，如果是带胶层的玻璃，一般情况下不会一次性砸破，在砸碎第一层玻璃后，再向下拉一下，将夹胶膜拉破才行。

(4) 汽车掉进水里时的科学逃生

汽车掉下水不会立即下沉，可把握下沉前的一分半钟从车门或车窗及时逃生。即使汽车沉下水底，也有办法逃生，因为车厢注水可能需半小时。确定的时间视车窗是否打开、车身是否密封及水深程度而定。汽车下沉越深，水压越大，注水也就越快。

一旦落水，不能惊慌失措，双手抓紧扶手或椅背，让身体后仰，紧贴着靠背，随着车体翻滚。避免汽车在翻滚入水之前，车内人员被撞击昏迷，以致入水后，无法自救而死亡。

坠落过程中，应紧闭嘴唇，咬紧牙齿，以防咬伤舌头。

汽车是有一定闭水性能的，汽车入水后，不要急于打开车窗和车门，而应该关闭车门和所有车窗，阻止水涌进。

如有时间，开亮前灯和车厢照明灯，既能看清四周，也便利救援人员搜索。

争取时间关上车窗和通风管道，以保留车厢内的空气。

逐渐下沉中，车身孔隙不断进水，到内外压力相等时，车厢内水位才不再上升。这段时间要保持镇定，耐心等待。内外压力不等时，欲强行打开车门反而会方寸大乱，减少逃生机会。

当水位不再上升时，做一个深呼吸，然后打开车门或车窗跳出。外衣需要先脱下，假如车门打不开，可用修车工具或在手上缠上衣服后打碎车窗玻璃。

假如车里不止一人，应手牵着手一起出来，要确定没有留下任何人。

(5) 汽车起火时的积极自救方法

当汽车发动机发生火灾时，驾驶员应迅速停车，让乘车人员打开车门自己下车，然后切断电源，取下随车灭火器，对准着火部位的火焰正面猛喷，扑灭火焰。

当公共汽车发生火灾时，由于车上人多，要特别冷静果断，首先应考虑到救人和报警，视着火的具体部位而确定逃生和扑救方法。如着火的部位在公共汽车的发动机，驾驶员应开启所有车门，令乘客从车门下车，再组织扑救火灾。如果着火部位在汽车中间，驾驶员开启车门后，乘客应从两头车门下车，驾驶员和乘车人员再扑救火灾、控制火势。如果车上线路被烧坏，车门开启不了，乘客可从就近的窗户下车。如果火焰封住了车门，车窗因人多不易下去，可用衣物蒙住头从车门处冲出去。

当衣服被火烧着时，如时间允许，可以迅速脱下衣服，用脚将衣服的火踩灭；如果来不及，乘客之间可以用衣物拍打或用衣物覆盖火势以窒息灭火，或就地打滚滚灭衣服上的火焰。

乘坐火车时的安全防范措施

在出远门的时候需要乘坐火车，和汽车相比，乘坐火车更安全、舒适、快捷，但这并不代表乘坐火车就绝对没有危险。比如——

2008 年 4 月 28 日，北京开往青岛的 T195 次列车运行至山东境内时脱轨，与烟台发往徐州的 5034 次列车相撞，导致 70 多人死亡，400 多人受伤。

2011 年 7 月 23 日 20 时 38 分，甬温线北京南至福州 D301 次列车与杭州至福州南 D3115 次列车发生追尾事故。造成造成 40 人死亡、172 人受伤……

火车事故或意外发生的事故常会造成群死群伤的灾难性后果，增强安全意识，有助于更好地保护自己。

(1) 注意乘车的安全

当旅客进站上车时，应该走规定的检票口，通过天桥或地道，不可穿行铁道、钻车、跳车。还要特别注意的是严禁携带易燃、易爆等危险品上车。

当列车进站时，旅客和送站的人都应退离安全白线。因为列车进站时速度快，风力大，如离得太近，人就有可能被卷入站台下，发生危险。在列车还没停稳时，不要往前拥挤，更不要跳窗而入，应该先下后上，按顺序上车。

当列车开动时，送行者一定不要越过地面的白色安全线，更不可随车向前跑动，向车上的亲友握手或递东西。

当列车运行时，还应该注意，不要把手、脚、头部伸到车窗外边，以免被车窗卡住。因为火车车窗在设计上是采用上开式的，列车运行时，开着的窗户很可能因震动造成插销松动而下滑。另外，把脚伸到窗外或把身体探出窗外，容易被信号机、隧道以及线路旁的树木刮伤。

在火车上就餐时，应将羹匙放在汤碗里，以缓解列车运行不稳造成的外溢。在列车上沏茶，不要倒水太满，以免发生烫伤。

行李架上的物品要放牢，避免掉下来砸伤人。睡在中、上铺

的旅客，要将车上的安全皮带挂好，防止睡觉时掉下来摔伤。

在硬座或卧铺睡觉，应将头朝向过道，这样既安全又能呼吸到新鲜空气。因为头朝窗睡觉，车轮的振动和噪音会影响大脑休息。

火车中途停站，在下车购买东西时，不要忘了开车时间而发生漏乘。注意收听列车播报的站名和时间，避免坐过站。

在乘坐火车时，夏天火车上会有空调，如果长时间乘坐要让孩子注意保温，别因吹空调而受凉；冬天，火车上也比较暖和，上车后可穿少一点儿，下车时再穿上保暖外套。

火车到站时，不要急于下车，要仔细清点好自己所带的物品，等火车停稳后有秩序地下车，千万不能从窗户跳车。

(2) 火车发生事故时科学避险

火车失事在我国较为少见，但是也不能放松警惕。火车发生事故通常有两类：与其他火车相撞或者火车出轨。当火车事故发生时，你可以做一些防护措施以尽量减少事故造成的伤害。

出轨的征兆是紧急的刹车，剧烈的晃动，而且车厢向一边倾倒。在判断火车失事的瞬间，应采取如下措施：

脸朝行车方向坐的人，要马上抱头屈肘伏到前面的坐垫上，护住脸部，或者马上抱住头部朝侧面躺下；背朝行车方向坐的人，应该马上用双手护住后脑部，同时屈身抬膝护住胸、腹部。

发生事故，如果座位不靠近门窗，应留在原位，抓住牢固的物体或者靠坐在坐椅上。低下头，下巴紧贴胸前，以防头部受伤；若座位接近门窗，就应尽快离开，迅速抓住车内的牢固物体。

在通道上坐着或站着的人，应该面朝着行车方向，两手护住后脑部，屈身蹲下，以防冲撞和落物击伤头。如果车内不拥挤，应该双脚朝着行车方向，两手护住后脑部，屈身躺在地板上，用

膝盖护住腹部，用脚蹬住椅子或车壁，同时提防被人踩到。

在厕所里，应背靠行车方向的车壁，坐到地板上，双手抱头，屈肘抬膝护住腹部。

事故发生后，如果无法打开车门，那就把窗户推上去或砸碎窗户的玻璃，然后脚朝外爬出来。但是你要时刻注意碎玻璃是非常危险的，一旦你确认不会被碎玻璃划伤，你也许会被电击的危险所困扰，铁轨可能会有电。如果车厢看起来也不会再倾斜或者翻滚，待在车厢里等待救援是最安全的。

现在的高铁由于速度快，因而对车窗的要求也高，旅客列车车厢内的窗户一般为 70 厘米或 60 厘米，装有双层玻璃。在发生火灾情况下，被困人员可用救生锤或坚硬的物品将窗户的玻璃砸破，通过窗户逃离火灾现场。但在高铁上，用救生锤只能砸向高铁车窗玻璃的提出标注处（每节车厢有 4～8 块这样特殊标注的玻璃），具体方法在每一可容易砸碎的标注玻璃处都有说明，并有图示。

确定火车停下需要跳车避险时，应注意对面来车并采取正确的跳车方法。跳下后，要迅速撤离，不可在火车周围徘徊，这样很容易发生其他危险。

离开火车后，应设法通知救援人员。如附近有一组信号灯，灯下通常有电话，可用来通知信号控制室，或者就近寻找电话报警。

身处铁轨上时，你有可能会因为即将到来的车辆而惊慌，但又不知道列车会走哪一股铁轨，而且你也没有任何可依赖的指示来判断列车会走哪股道。这时不要尝试躺倒在正在使用之中的铁轨之间的空地上，而应该卧倒在相邻两股轨道之间的空处。

(3) 在火车着火后积极自救

当所乘坐的火车发生火灾事故时，要沉着、冷静、准确判断，切忌慌乱，然后采取措施逃生。

旅客首先要冷静，千万不能盲目跳车，那无疑等于自杀。使火车迅速停下是首要选择。失火时应迅速通知列车员停车灭火避难，或迅速冲到车厢两头的连接处，找到链式制动手柄，按顺时针方向用力旋转，使列车尽快停下来。或者是迅速冲到车厢两头的车门后侧，用力向下扳动紧急制动阀手柄，也可以使列车尽快停下来。

当起火车厢内的火势不大时，乘客不要开启车厢门窗，以免大量的新鲜空气进入后，加速火势的扩大蔓延。同时，尽量利用列车上灭火器材扑救火灾，还要在列车员的引导下，有秩序地从车厢的前后门疏散到相邻的车厢。当车厢内浓烟弥漫时，要采取低姿行走的方式逃离到车厢外或相邻的车厢。

旅客列车每节车厢内都有一条长约 20 米、宽约 80 厘米的人行通道，车厢两头有通往相邻车厢的手动门或自动门，当某一节车厢内发生火灾时，这些通道是被困人员利用的主要逃生通道。火灾时，被困人员应尽快利用车厢两头的通道，有秩序地逃离火灾现场。

必要时，也可考虑利用车厢的窗户逃生。在发生火灾情况下，被困人员可用坚硬的物品将窗户的玻璃砸破，通过窗户逃离火灾现场。

遇到地铁意外事故时的应对方法

地铁列车这一现代化的城市交通工具，以其安全、高速、准时而受到人们的青睐。越来越多的人喜欢乘坐地铁列车。那么，在乘坐地铁列车时，必须注意些什么问题？

(1) 注意乘车的安全

在站台候车必须站在站台的黄（白）线标志以内，以免进站车辆车速太快将旅客刮倒。要辨清车辆上行下行的方向，以免乘错方向、耽误时间；下车出站也要辨清出站口方向，以免走错路。列车的速度很快，因此车身在行进中晃动较大，没有座位的乘客要站稳，手要扶住把手。上车后不要挤靠车门或用手扒车门，以免发生危险。车到站后，车辆停稳，车门完全开启后方可下车，不要门开一半便急着下车。

在站台、候车大厅、电梯等处遇到意外情况发生时，乘客一定要听从站台工作人员和救援人员的指挥，迅速而有秩序地脱离事故现场，切不可乱跑、乱闯、误入歧途。

一旦地铁列车发生意外事故，首先需要我们临危不乱，保持安静和清醒的头脑。只有做到这一点，才能有顺利脱离险境的机会。

(2) 遇到火灾时科学逃生

人们在乘坐地铁列车时，一定要注意不要倚靠在车门上，尽量往车厢中部走，在发生撞车事故时，车厢两头和车门附近较危险，而车厢的中部相对较安全。

在乘车时发现车厢内有烟雾，同时闻到类似烧焦的异常气味不要慌乱，而应立即揿响位于每节车厢前部的报警装置，通知司机。车厢内着火后，会产生大量的有毒烟雾，吸入后会引起中毒。这时，乘客应尽量往车厢前部和中部靠拢。因为车厢前部、中部的顶风扇为进气风扇，车厢后部的顶风扇为排气风扇，这样烟雾多集中在车厢后部。同时应就地取材，用布或毛巾捂住口、鼻，以便尽量减少烟雾的吸入。

还可以利用车厢内的干粉灭火器进行扑火自救。干粉灭火器位于每节车厢两个内侧门的中间座位下，上面贴有红色“灭火器”标志。失火时可以自行旋转拉手，开门取出灭火器。使用时先要拉出保险销，然后瞄准火源，最后将灭火器手柄压下，尽量将火扑灭在初起阶段。如果扑救失败，应及时关闭车厢门，防止火势蔓延以赢取逃生时间。当然，如果火势蔓延，扩张趋势明显，这个时候首先应该保护自己，进行有序安全逃生。请记住，地铁列车与车站之间平均到达时间为两分钟左右。

要切记：不要贪恋财物。不要因为顾及贵重物品而浪费宝贵的逃生时间。

当列车行驶至车站时，要听从车站工作人员统一指挥，沿着正确逃生方向进行疏散。如果火灾引起停电，则可按照应急灯的指示标志进行有序逃生，注意要朝背离火源的方向逃生。

逃生时应尽可能采取低姿势前进，贴近地面逃离是避免烟气吸入的最佳方法。但不可匍匐前进，以免贻误逃生时机。不要做深呼吸，用湿衣服或毛巾捂住口和鼻子，防止烟雾进入呼吸道。

在逃生过程中要坚决听从工作人员的指挥和引导疏散，决不能盲目乱窜。要注意朝明亮处、迎着新鲜空气跑。视线不清时，尽量寻找墙壁，手摸墙壁徐徐撤离。

万一疏散通道被大火阻断，应尽量想办法延长生存时间，等

待消防队员前来救援。如果身上着火，千万不要奔跑，可就地打滚或用有效的灭火物灭火苗。

(3) 遇到停电事故时冷静面对

地铁可能会因事故停电。停电发生在站台时。当站台突然陷入漆黑一片，很可能只是该站的电路或照明设备出现了故障，在等待工作人员进行广播解释和疏散前，请乘客原地等候，不要走动，不要惊慌。站台将随即启动事故照明灯。即使照明不能立即恢复，正常驶入车站的列车将暂停运行，利用车内灯光为站台提供照明。若列车在隧道中运行时遇到停电，此时乘客千万不可扒门拉门自作主张离开列车车厢进入隧道，应耐心等待救援人员到来。

救援人员将悬挂临时梯子，并打开无接触轨一侧的车门。乘客应该按照救援人员的指挥顺次下到隧道中，并向指定的车站或者方向疏散。在疏散撤离时，注意排成单行，紧跟工作人员沿着指定路线撤离。

当城区供电系统出现电路故障导致大规模停电时，地铁内常备的危机照明系统将保证一定时间的蓄电池照明。乘客如果在站台上，通过收听站内广播，确认为大规模停电后，应该迅速就近沿着疏散向导标志或者在工作人员的指挥下，抓紧时间离开车站。

即使停电，被关在地铁内的乘客也不用担心车门打不开，但不要自己动手打开门，而应等待工作人员将指定的车门打开，并从指定的车门向外撤。

乘客不必担心在隧道里行走看不清路，停电一发生，除了引路的工作人员，每隔一段路还会有工作人员执灯照明。当然，乘客还可以利用自己的手机等随身物品取光。

还有，不必担心人多时被关在密闭的地铁车厢里会出现呼吸困难，即使全部停电后，列车上还有可维持一定时间的应急通风，因此千万不要直接跳到隧道里。

站台的容量足够乘客安全有序地撤离，千万不要乱跑乱窜。如无其他意外发生，停电时一般不要拉动报警装置。在隧道内行走要小心脚下，以免摔伤或者被障碍物碰伤。如果乘客疏散时遇到受伤时，应及时与抢险队员取得联系，等候救治。

乘坐飞机时确保安全的基本要领

人们时常从电视或报刊上看到飞机失事的报道。于是许多人产生这样的疑问："坐飞机旅行安全吗?"其实，坐飞机相对来说还是比较安全的。

据统计，现代喷气民航机，其安全性已提高到每飞行段 56 万小时，才有一架失事。假定每平均连续飞行 3 小时作为一个飞行段（一次起飞到一次着陆叫一个飞行段。北京到上海乘波音 747 仅需 1.5 小时，算半个飞行段），假定每位旅客每次旅行平均飞两个飞行段，那么，一个旅客要作 8.45 万次空中旅行，才可能会碰上一次空难事故。所以，乘飞机旅行应该说是相当安全的。当然，了解一些乘飞机的安全注意事项还是很有必要的。

(1) 飞机上没有所谓"最安全的位置"

尽管民间一直有"坐在飞机的尾部最安全"的说法，但有关专家指出，飞机上无所谓最安全的位置。在一场飞机严重受损，或者有一至多人伤亡的坠机事故中，乘客的伤亡情况由很多因素决定，有些因素直到事故发生时，才会显现出来。例如，有很多坠机事故涉及到浓烟或者失火，因此乘客能否幸存下来，要看他

们是否具有处乱不惊和迅速离开出事飞机的能力，除此以外，还要看飞机着陆后的情况。在遇到飞机事故时，你还必须运用自己掌握的一些常识。

（2）遵守乘坐飞机时的安全注意事项

登机前，旅客及其随身携带的一切行李物品，必须配合机场安全部门的安全检查，拒绝检查者不准许登机。这是为了防止枪支、弹药、凶器、易燃、易爆、腐蚀、放射性物品以及其他危害民航安全的危险品被携入机场和机舱。旅客要严格遵守民航对携带物品、托运行李的安全规定。

在机场时，要注意自己的行李不被陌生人加入危险品；发生异常情况立即报警。

旅客要按所购机票的机舱类别、座号就坐。除上厕所等某些必要的活动外，一般不要随意走动。不要串舱，更不要接近驾驶舱，以免发生意外。

登机后，首先熟悉距离最近的安全出口；要认真阅读机上的安全知识介绍，看乘务员的介绍和示范；发现问题或可疑之处立即报告。

在飞行过程中，要听从乘务人员的安排，关闭手机、手提电脑等电子设备，防止这些设备的电磁信号在飞机飞行过程中干扰飞机电子系统的正常运行。

在飞机上不要随便串舱，更不要接近驾驶舱，不要乱动机舱内备有的救生应急设施。

在飞机起飞、降落和飞行颠簸时，要在座位上坐稳，并系好安全带。身体不适时，应及时与乘务员联系，可请乘务员帮助调整座椅上方的通风器和座椅靠背，闭目休息。机上备有常用的急救药品，乘务员会在必要时向旅客提供。

机舱内配有灭火设备、氧气设备和紧急出口设施，飞经海上的飞机还备有救生衣、救生船等。在飞行途中，乘务员会将这些设施的使用方法向旅客介绍或示范。但这些设施只能在发生紧急情况时，由机组人员组织旅客使用。未经机组人员的许可，任何人都不可随意动用。

（3）意外事故发生时得体应对

就每一次事故来说，飞机在飞行过程中可能会发生十几种甚至数百种不寻常的情况。对每一位乘客而言，他们最常遇到的事情是利用紧急滑梯从飞机上撤离，或者使用紧急供氧系统。在多数情况下，紧急撤离只是一种防范措施，并不意味着乘客即将面临生命危险。紧急供氧面罩或能自动展开，也可能由机组成员手动展开。在大多数情况下，展开紧急供氧面罩并非预示着乘客即将面临生命危险。

在利用紧急滑梯撤离的情况下，你所做的最好准备就是熟悉安全出口的位置，准备按照飞行和机组人员的指令，穿上有利于滑行的衣服，准备撤离。高跟鞋可能会使你在滑行过程中受伤，因此，如果你正好穿的是高跟鞋，在离开座位前，要把它们脱下来。如果需要使用氧气罩，你首先要确保自己把氧气罩戴好。否则，机舱的压强减小时，你就可能面临失去知觉的风险。

从飞行一开始，旅客、机组人员、飞机这三者的命运就紧紧联系在一起了。机组人员具有丰富的飞行经验，熟知各种操作规程和处置措施。所以，当面临紧急情况时，旅客应保持镇定，绝对听从机组人员的指挥，与机组人员共同努力战胜险情。

空中常见的紧急情况有密封增压舱突然低落、失火或机械故障等。一般机长和乘务长会简明地向乘客宣布紧急迫降的决定，并指导乘客应采取应急处理。水上迫降时，空中小姐会讲解救生

衣的用法，但在紧急脱离前，乘客仍应系好安全带。若飞机高度在 3660～4000 米，旅客头顶上的氧气面罩会自动下垂，此时应立即吸氧。

如果发现异常情况疑心起火，为避免在乘客之间引起恐慌，在民航班机上可通知乘务员或空中小姐，她们会教乘客正确的逃生方法。如果机舱内失火，可帮助机组人员用二氧化碳灭火瓶和药粉灭火瓶（驾驶舱禁用）；非电器和非油类失火，应用水灭火瓶；如见着闷火或火苗，用飞机上的毛毯或衣服将其压灭。乘客要听从指挥，尽量蹲下，处于低水平位，屏住呼吸，或用湿毛巾堵住口鼻，防止吸入一氧化碳等有毒气体中毒。

遇到飞机事故时，死里逃生的第一步是先从座位下取出救生衣，按照规定穿上。然后，查看飞机是要迫降海上还是陆地上，再决定下一个动作。若要迫降在海上，救生衣在机内决不可事先充气撑开，因为救生衣一旦撑开，在狭窄的机内通道将无法通行，而变成逃生的障碍。但是，如果要迫降在地面，就得赶快穿上救生衣并迅速使其充气膨胀，以减轻在着地时产生的冲击力。

迫降时要好好坐在椅子上，将背部紧紧地贴靠椅背，再拿一个枕头放在下腹部，并用安全带紧紧缚住，安全带要系在腰部，千万不要系在腹部，以免冲击时使内脏破裂，或将身体折成两段。其次，将冲气救生衣围在头部周围，再用毛毯包起来，代替安全帽。人最好盘坐在椅子上，一旦因剧烈冲击而使椅子向前移动时，身体大部分可以保护在椅子内，不至于被撞死或夹死。

如果有幸地躲过了迫降时的冲击，接下来就要赶快逃离机体。如机舱内有烟雾，用手巾（最好是湿的，上飞机后一般会发放的）掩住鼻子和嘴巴。走向太平门时尽可能俯屈身体，使头贴近机舱地面，因为浓烟在空气上层，下层空气较清鲜，呼吸较容易。

如果打开飞机的太平门，充气逃生滑梯会自行膨胀。乘客要用坐着的姿势跳到梯上。通常滑梯与地面成40度角，所以滑下去时千万不要因为怕摔而迟疑。这时应特别注意外面是否已陷入火海，或已迫降在水上。

若飞机迫降在海上，滑梯就会成为救生艇，艇上会备有紧急发报机，还备有3天左右的干粮，因此，不必惊恐。

若飞机迫降在地面后滑到地面后要迅速逃离现场，不要折返机上取行李。如果自己或别人受伤，应通知乘务员。等待救援时，要多与其他乘客交谈，相互安慰，相互支持，战胜暂时的困难。

乘坐轮船时的安全注意事项

我国河道纵横，水域辽阔。流域在1000平方公里以上的河流就有1500多条。当我们外出旅行时，有很多机会乘船。

俗话说："水火不留情。"船行水中，本身就有一定的危险性，所以国家制定了水上交通安全法规，以保障乘船旅客的生命安全。即使这样，客运或一般游船出现翻船、撞船等水上交通事故仍时有发生。

因此，我们有必要了解和掌握一些安全乘船和水上遇险的自救知识。

(1) 安全乘船的常识

乘客乘船时应注意，不要携带危险物品上船。

不要乘坐缺乏救护设施、无证经营的小船，也不要冒险乘坐超载的船只或者"三无"船只（没有船名、没有船籍港、没有船舶证书）。

上下船时，必须等船靠稳，待工作人员安置好上下船的跳板

后方可行动；上下船不要拥挤，不随意攀爬船杆，不跨越船挡，以免发生意外落水事故。

上船后，要仔细阅读紧急疏散示意图，了解存放救生衣的位置，熟悉穿戴程序和方法，留意观察和识别安全出口处，以便在出现意外时掌握自救主动权。同时按船票所规定的舱位或地点休息和存放行李，行李不要乱放，尤其不能放在阻塞通道和靠近水源的地方。

客船航行时，不要在船上嬉闹，不要紧靠船边摄影，也不要站在甲板边缘向下看波浪，以防眩晕或失足落水；观景时，切莫一窝蜂地拥向船的一侧，以防船体倾斜，发生意外。

(2) 客船遇险时的应对和逃生技巧

客船遇险时，乘客需要保持冷静，沉着应对；要听从工作人员的指挥，迅速穿上救生衣，不要惊慌，更不要乱跑，以免影响客船的稳定性和抗风浪能力。

船舶在水面上突然发生严重遇难事故，虽然全力抢救但仍无法使船舶免于沉没和毁灭，那么在这种情况下只能弃船。弃船命令由船长发布，各客舱的旅客应听从船上人员的指挥。在撤离舱室前，首先应尽可能地多穿衣服，能穿不透水的衣服则更好，戴上手套、围巾，穿好鞋袜（不论什么季节，多穿衣服都是必要的，落水后可使身体表面与衣服之间有一层较暖的水，而衣服又能阻止这层暖水与周围较冷海水的对流与交换）。穿戴妥当之后再穿救生衣。如果时间允许，离开舱室前还应带些淡水、食物，带一件大衣或一条毛毯。

以上工作就绪后，应迅速到指定的救生艇甲板集合，此时必须绝对服从指挥，发扬互爱的精神，有秩序地登艇，避免争先恐后而发生混乱和意外的事故。

在弃船时，如无法直接登上救生艇或救生筏离开大船，就不得不跳水游泳离开。

跳水前应尽量选择较低的位置。

查看水面，要避开水面上的漂浮物。

不能直接跳入艇内或筏顶及筏的入口处，以免身体受伤或损坏艇、筏。

应从船的上风舷跳下，如船左右倾斜时应从船首或船尾跳下。

乘船落水时，要保持镇静、清醒，坚定获救信心。

冬季落水后，不要把衣服脱掉，以免冻伤。

如果穿救生衣或持有救生圈在水中，那么应采取团身屈腿的姿势以减少体热散失。除非离岸较近，或是为了靠近船舶及其他落水者，以及躲避漂浮物、旋涡，一般不要无目的地游动，以保存体力。

要设法发出声响（例如吹救生衣上配备的哨笛等）和发出视觉信号（例如摇动色彩鲜艳的衣物等），以便岸上或其他船只发现。

(3) 客船上发生火灾时的逃生技巧

客船发生火灾时，盲目地跟着已失去方向感的人群乱跑乱撞是不行的，一味等待救援人员也会贻误逃生时间，积极的办法是赶快自救或互救逃生。

当客船在航行时机舱着火，机舱人员可利用尾舱通向上甲板的出入孔逃生。船上工作人员应引导船上乘客向客船的前部、尾部和露天板疏散，必要时可利用救生绳、救生梯向水中或赶来救援的船只上逃生。如果火势蔓延，封住走道时，来不及逃生者可关闭房门，不让烟气、火焰侵入。情况紧急时，也可穿上救生衣跳进水中逃生。

当客船前部某一层着火，还未蔓延到机舱时，应采取紧急靠岸或自行搁浅措施，让船体处于相对稳定状态。被火围困人员应迅速往主甲板、露天甲板疏散，然后，借助救生器材向水中和来救援的船只上逃生。

当客船上某一客舱着火时，舱内人员在逃出后应随手将舱门关上，以防火势蔓延，并提醒相邻客舱内的旅客赶快疏散。若火势已窜出封住内走道时，相邻房间的旅客应关闭靠内走廊房门，从通向左右船舷的舱门逃生。

有多层客舱的船体起火后当船上大火将某一层直通露天的通道封锁致使着火层以上楼层的人员无法向下疏散时，被困人员可以疏散到船体最上层，然后向下施放绳缆，沿绳缆向下逃生。

青少年应掌握的基本急救知识

从人体生理的角度来说，在常温下，心搏骤停 4 分钟就会造成脑细胞的破坏，超过 10 分钟脑细胞几乎是不可逆的损伤——有关专家将心搏骤停的 4 分钟内作为心肺复苏的黄金时间。这充分体现了“时间就是生命”的深刻内涵。通常，意外发生的几分钟内，医务人员是不太可能到达现场的。通过简单的人工呼吸、心脏按压、创伤急救等方法，但在挽救生命的“黄金时间”里可以起到巨大的作用。因此，学习和掌握一些急救知识和急救技能非常必要。

人人都应掌握一定的急救知识

任何一起事故都可能造成人员伤亡、财产损失、环境破坏。而在三者当中又以人员伤亡作为事故定性的重要指标。

在致死性伤员中，约有35%本来是可以避免死亡的，关键是他们能否获得快速、正确、高效的应急救护。

当突发性疾病和意外伤害发生时，原则上在接受专业医师治疗之前，一定要依照正确的医学理论，采用准确的医疗方法，给予伤者适当的应急处置。才能达到赢得时间，减少伤残，挽救生命的目的。

有关学者经广泛调查发现，不仅中国的青少年学生，甚至连白领阶层、蓝领阶层、警察甚至救援队员、医务工作者，都现场急救知识和技能观念淡薄、知识缺乏。当遇到危机生命的危险时，他们不知道怎样正确的逃生、自救、互救。当遇到危及生命的大出血、窒息、呼吸心跳停止时，他们不敢救、不会救，其根本原因就是没经过培训。

现在我们大众急救知识和技能的培训率大概是1%，世界上多数国家到远远高于这个比例。比如，奥地利的急救知识和技能的培训率是80%，仅此就可以看到我们的差距。

因此，我们除了要学会预防事故发生外，还要学会一旦发生事故后该如何处理，掌握一些必要的急救知识，从而避免事故当事人受到更大的伤害。

随着时代的发展，人们对急救的认识也在不断变化着。比如，传统观点认为，急救是应急处理的一种手段和方法。现代观点认为，急救是给予伤员或病人立即救治和关怀的一种手段和方法。

下表列出了现代与传统急救的概念的不同。

现代与传统急救（救护）概念对比表

传统急救（救护）概念	现代急救（救护）概念
社会及公众都认为：抢救病人及意外伤害完全是医务人员的事	全民都要掌握基本救护知识和技能，当危险发生时能够正确逃生、自救、呼救、急救。
医务人员守在医院等候病人的到来，对危重病人抬起就走，拉着病人就跑，医务人员充当担架员，院前急救基本是空白。	急救工作由被动变主动，有危重病人就打120，急救医疗体系（EMSS）为危重病人提供院前急救、急救科抢救与ICU救治。
简单原始的救护设备：一副常规担架，及简陋的原始的医疗设备。	功能齐全的救护设备，如：车载呼吸机、除颤仪、监护仪、吸引器、各种功能的担架和气管插管设备。救护车到，即移动医院到（ICU到）标志者病人“入院”。
医务人员到达前救人的黄金时间被浪费。	第一反应者及时施救弥补了医务人员到达现场前的无效等待时间。
匪警110、火警119、医疗救护120各自为政，没有统一指挥协调，对大的公共事件处置能力差。	匪警110、火警119、医疗救护120联动，互相协调配合，增强了对各种灾害的处置能力。
在自然灾害和事故灾害面前束手无策，紧张慌乱，不懂逃生自救、互救的方法	经过短期培训，在遇到突发事件时正确采用逃生、自救、互救和急救方法，最大限度的保护自已和他人。
公众急救知识和理念淡薄，对危重病人不会救，不敢救，不能救，投入不足，从业人员技术水平差。	急救社会化，急救实施的全民化； 急救医疗器械配置的公共化； 重症监护前伸至现场； 全方位立体救护体系； 各种危重病人的绿色通道的畅通； 极大提高病人的抢救成功率。

续表

传统急救（救护）概念	现代急救（救护）概念
不注重个人防护，不顾个人安危，舍己救人，具有救护的热情和舍生忘死的精神，但缺乏专业的救护知识，往往是自己丢了性命，也救不了别人	注重个人防护，抢救别人的同时有效的保护好自己。
只看病，不注重看人，不注重心理抚慰	既看伤，同时注重心理抚慰。

时间就是伤者的生命。一般说来，急救有黄金时间 4 分钟、白金时间 10 分钟和黄金 1 小时的说法。

黄金时间 4 分钟，是指呼吸心跳停止在 4 分钟内给予心肺复苏，能收到较好的效果。比如，遇交通事故大出血、休克、电击、溺水等情况，在 4 分钟内如果能及时进行心肺复苏，一般都可救活。

白金时间 10 分钟，是指对创伤的出血控制、窒息解除、呼吸道畅通等动作，应该在伤后 10 分钟内完成。

黄金 1 小时，是指各种原因的休克，胸、腹、盆腔、内脏损伤出血，严重的颅脑伤应在伤后 1 小时内得到有效的手术治疗。

心脏停止搏动后，人体会随着时间的推移发生变化，10 分钟后脑组织就会基本死亡。而心肺复苏的成功率也与时间关系密切，1 分钟内复苏存活率高于 89%，10 分钟后复苏存活率几乎为 0。

医护人员拥有急救技能和装备，但不具备急救的黄金时间；现场第一目击者不具备急救技能和装备，但拥有最宝贵的急救黄金时间。如果现场第一目击者既拥有急救黄金时间又具备急救技能和装备呢？就能避免很多可以挽救的生命死亡。

所以，不仅医护人员要拯救危重患者生命，普通人也应该掌

握一些急救技能，以便在突发情况下为拯救身边人的生命伸出援手。

《中华人民共和国红十字会法》明确规定了红十字会“普及卫生救护和防病知识，进行初级卫生救护培训，组织群众参加现场救护”是其应该履行的职责；但没有特别规定哪些人必须学习应急救护知识。

很多人对急救的认识有误区，认为急救是医院的事，是医生的工作，这是不全面的。因为在很多时候，急救的黄金时间不是“120”人员所具备的，有时真正救人的是与伤病者朝夕相处的家人、同事、同学、朋友。而急救生命链的五个环（紧急呼救、心肺复苏、电击除颤、高级生命支持、综合的心脏骤停后治疗）中的前三个环一般民众经过学习培训都能够熟练掌握。

尽管事故的发生概率对整个社会来说是万分之一乃至十万分之一，但对不幸被意外事故击中的人们来说却是百分之百啊！培训是对从业人员的真正关怀和爱护，接受应急救护的培训教育，不仅是一种权利，也是一种福利，更是一种责任。

公众接受应急救护培训的目的，并不是试图努力使自己成为技术精湛的医务人员，而是在面对突然来临的危险时，在没有任何医疗设备和医务人员的情况下，在爱心的驱使，应用自己所掌握的急救技术，依靠自己的一双手，在第一时间、第一现场、做出正确的反应、采取积极有效的行动，挽救自己或他人的生命。衡量一个社会急救能力的高低，不光是要看急救专业人员的素质，还要看全社会的急救素质，也就是提高全民的急救意识和自救、互救能力，做到人人会救、人人敢救、人人能救。

现场急救的原则和注意事项

无论是在学校、家庭或在马路等户外，还是在其他情况复杂、危险的现场，发现危重伤员时需要急救时，都要保持镇定，沉着大胆，细心负责，理智科学地判断，分清轻重缓急，先救命，后治伤，果断实施救护措施。

首先要本着安全的原则，仔细评估现场，确保自身与伤员的安全。在施救前、施救中及施救后，都要排除任何可能威胁到救援人员、病患的因素。常见的有：环境的安全隐患、救与患相互间传播疾病的隐患、法律上的纠纷、急救方法不当对救援人员或伤患造成的伤害等。

其次，要注意把握简单和快速的原则。简单的目的是便于操作，在急救过程当中把没有实际意义的环节省去，一方面能够节约时间，另外能够提高效率；快速是确保效率的一种有效手段，在确保操作准确的前提下，尽量加快操作速度，可以提供施救效率。

此外就是要准确。指施救技术的准确有效性，是现场施救的重点要求。无效的施救等同于浪费时间，耽误病人的病情。

在急救时，还要必须坚持“一个中心，两个基本原则”：

一个中心：院前急救始终坚持以患者生命为中心，严密监护患者生命体征，正确处置危及患者生命的关键环节，保证或争取患者在到达医院前不死亡。

两个基本原则：

一是对症治疗原则，先救命后救伤，即院前急救是对症而不是对病、对伤。它是处理急病或创伤的急性阶段，而不是治疗疾病的全过程，正确及时处理危及病人生命的严重急症如窒息、中毒、创伤大出血、休克等。

二是拉起来就跑原则，即对一些在现场无法判断或正确判断需要较长时间，而病人又十分危急者，无法采取措施或采取措施也无济于事的危重病患者，急救者不要在现场做不必要的处理，以免浪费过多时间。应以最快的速度拨打急救电话，将患者安全送至医院，并加强途中监护、输液、吸氧等治疗，并做好记录。

每个人都尽量学习心肺复苏常识及操作技能

2007 年 7 月，某电视台记者与同事接到新闻线索，在黄河公路大桥西侧有一个 13 岁女孩溺水。当她们到达现场时，虽然孩子已经被救上岸了放在地上，没有呼吸，也没有心跳，情况非常危急，拥有极强社会责任感的记者，毅然加入到抢救女孩的行列。由于她和周围的所有人一样都没有学过心肺复苏术，于是迅速拨通了当地 120 的急救电话，并请教心肺复苏的操作方法。虽然在 120 医师的指导下她努力去做了，但是由于宝贵的黄金时间没有抓住，加上不标准的手法、不正确的操作方式，最终没能留下这个年青的生命。

看来，学习一些心肺复苏方法和技能是非常有必要的。正如一位著名的医学专家所指出的：“心肺复苏是患者见上帝的最后一道关了，希望我们把这道关把好！”

近年来，仅美国和欧洲，每天平均就有 1000 多呼吸、心搏骤停的患者被成功抢救。而这些不需要任何设备，在何时何地，仅仅依靠一双手，一双经过急救培训过的手就可以救人一命。

心肺复苏简称 CPR，是针对呼吸心跳停止的急危重症患者所

采取的抢救关键措施，也就是先用人工的方法代替呼吸、循环系统的功能（采用人工呼吸代替自主呼吸，利用胸外按压形成暂时的人工循环），快速电除颤转复心室颤动，然后再进一步采取措施，重新恢复自主呼吸与循环，从而保证中枢神经系统的代谢活动，维持正常生理功能。

心肺复苏特别适合各种意外伤害导致的呼吸、心搏骤停以及各种急病或各种疾病的突发导致的呼吸、心搏骤停的现场急救。

现在我们所有的人基本都能认同这样一点：当人的生命受到威胁时抢救的越早，患者生还和康复的机会就越大，特别是对一些心搏呼吸骤停的患者，时间是患者的生命，早期有效的心肺复苏和电击除颤复律，能最大限度的保护人类的大脑功能，对于患者的整体康复起到了犹为重要的作用。

纵观中外医学历史，我们不难发现为了逃避死亡的威胁，人类从未停止过探索的脚步，特别是在濒临死亡的危急关头，使用一切手段挽救生命、延长生命早以成为人类科技探索的重要方向。而心肺复苏术正是人类千百年来探索经验和智慧的结晶，其目的就是试图让患者从“死亡”的边缘起死回生。现代心肺复苏术从20世纪60年代初建立，一度被局限在医院里。但近30年来，尤其是近十几年来，经过不断完善，推广到现在已经走过了50年的历程，心肺复苏已在发达国家普及，走出了医院，来到了社会，被普通的民众所掌握。专家们认为，一个城市、地区心肺复苏的普及率越高，往往表明该城市地区的文明程度越高。我国近年来，无论是医疗卫生部门还是社会团体都在积极推行心肺复苏，取得了良好的效果，使不少垂危、濒死病人的生命被挽救回来。

对普通人来说，心肺复苏术只是一项急救技能，有了这一技能，就可以实现自己救助他人的伟大而崇高的人生价值。而事实效果也证明，心肺复苏术确实是危机关头挽救生命的重要手段之一（发达国家抢救成功率近 74%）。

有关学者的研究表明：美国心搏骤停抢救成功率近 30%；而我国不到 1%。其原因有以下几方面：

最初的目击者包括家属不懂急救方法；

在呼叫救护车、等待救护人员到达之前，没有施救，而耽误了急救时间；

最初的目击者做出了错误的紧急处理。

严酷的现实要求我们每个人都尽量学习心肺复苏知识及操作技能。这是一项能在危急关头将处在死亡线上的亲人拉回来的实用技能。

心·肺复苏的基本步骤和要领

据美国近年统计，每年心血管病人死亡数达百万人，约占总死亡病因 1/2。而因心脏停搏突然死亡者 60%～70%发生在院前。因此，美国成年人中约有 85%的人有兴趣参加 CPR 初步训练，结果使 40%心脏骤停者复苏成功，每年抢救了约 20 万人的生命。

心脏跳动停止者，如在 4 分钟内实施初步的 CPR，在 8 分钟内由专业人员进一步心脏救生，死而复生的可能性最大。因此，可以说时间就是生命，速度是关键。

(1) 按 DRABC 进行心肺复苏

初步的 CPR 按 DRABC 进行——D（dangerous）：检查现场是否安全；R（response）：检查伤员情况（反应）；A（airway）：保持呼吸顺畅；B（breathing）：口对口人工呼吸；C（circulation）：建立有效的人工循环。

① 检查现场是否安全（D)。

在发现伤员后，应先检查现场是否安全。若安全，可当场进行急救；若不安全，须将伤员转移后进行急救。

② 检查伤员情况（R)。

在安全的场地，应先检查伤员是否丧失意识、自主呼吸、心跳。检查意识的方法：轻拍重呼，轻拍伤员肩膀，大声呼喊伤员。检查呼吸方法：一听二看三感觉，将一只耳朵放在伤员口鼻附近，听伤员是否有呼吸声音，看伤员胸廓有无起伏，感觉脸颊附近是否有空气流动。检查心跳方法：检查颈动脉的搏动，颈动脉在喉结下两公分处。

③ 保持呼吸顺畅（A)。

昏迷的病人常因舌后移而堵塞气道。所以，心肺复苏的首要步骤是畅通气道。急救者以一手置于患者额部，使头部后仰，并以另一手抬起后颈部或托起下颏，保持呼吸道通畅。对怀疑有颈部损伤者，只能托举下颏，而不能使头部后仰；若疑有气道异物，应从患者背部双手环抱于患者上腹部，用力、突击性挤压。如下图：

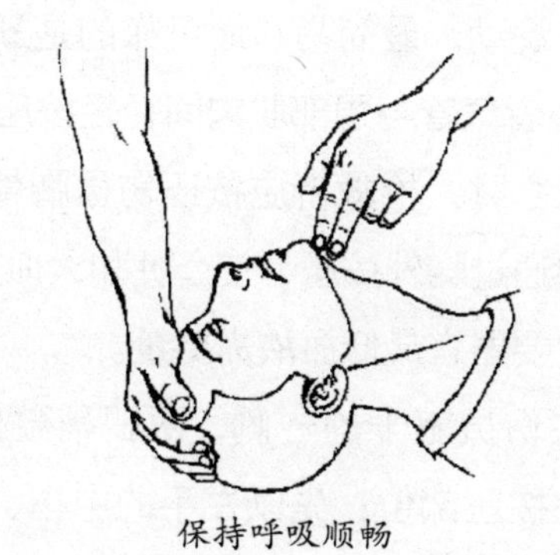

保持呼吸顺畅

④ 口对口人工呼吸（B)。

在保持患者仰头抬颏前提下，施救者用一手捏闭患者的鼻孔（或口唇)，然后深吸一大口气，迅速用力向患者口（或鼻 ）内吹气，然后放松鼻孔（或口唇），照此每5秒钟反复一次，直到恢复自主呼吸。每次吹气间隔1.5秒，在这个时间抢救者应自己深呼吸一次，以便继续口对口呼吸，直至专业抢救人员的到来。如下图：

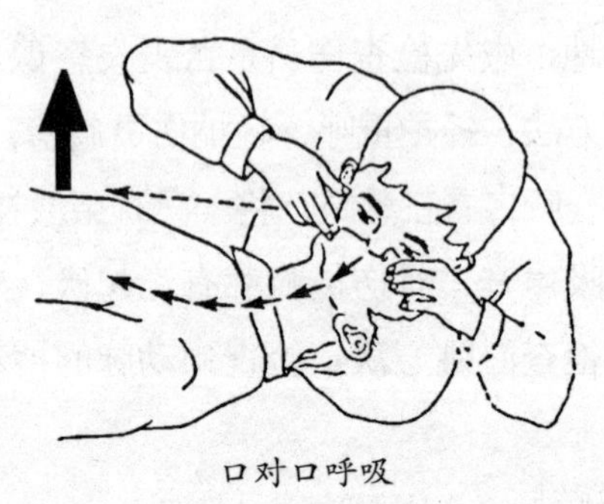

口对口呼吸

在口对口人工呼吸时，要用呼吸膜防止患者体内细菌传播。在没有呼吸膜保护的情况下，急救员可以不进行人工呼吸。

若伤员口中有异物，应使伤员面朝一侧（左右皆可），将异物取出。若异物过多，可进行口对鼻人工呼吸。即用口包住伤员鼻子，进行人工呼吸。

⑤ 建立有效的人工循环（C）。

检查心脏是否跳动，最简易、最可靠的是颈动脉。抢救者用2～3个手指放在患者气管与颈部肌肉间轻轻按压，时间不少于10秒。如果患者停止心跳，抢救者应按压伤员胸骨下1/3处。如心脏不能复跳，就要通过胸外按压，使心脏和大血管血液产生流动。以维持心、脑等主要器官最低血液需要量。

急救员应跪在伤员躯干的一侧，两腿稍微分开，重心前移，之后选择胸外心脏按压部位：先以左手的中指、食指定出肋骨下缘，而后将右手掌掌跟放在胸骨下1/3，再将左手放在右手上，十指交错，握紧右手。按压时不可屈肘。按压力量经手跟而向下，手指应抬离胸部。如下图：

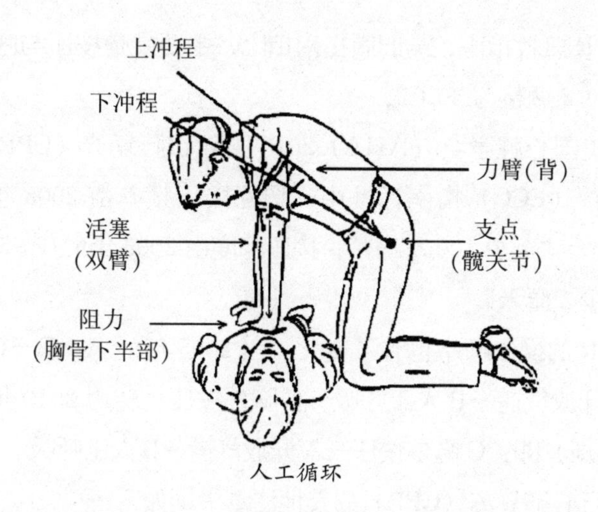

人工循环

胸外心脏按压方法：急救者两臂位于病人胸骨下 1/3 处，双肘关节伸直，利用上身重量垂直下压，对中等体重的成人下压深度应大于 5 厘米，而后迅速放松，解除压力，让胸廓自行复位。如此有节奏地反复进行，按压与放松时间大致相等，频率为每分钟不低于 100 次。

当只有一个急救者给病人进行心肺复苏术时，应是每做 30 次胸心脏按压，交替进行 2 次人工呼吸。

当有两个急救者给病人进行心肺复苏术时，首先两个人应呈对称位置，以便于互相交换。此时，一个人做胸外心脏按压，另一个人做人工呼吸。两人可以数着 1、2、3 进行配合，每按压心脏 30 次，口对口或口对鼻人工呼吸 2 次。

此外在进行心肺复苏前应先将伤员恢复仰卧姿势，恢复时应注意保护伤员的脊柱。先将伤员的两腿按仰卧姿势放好，再用一手托住伤员颈部，另一只手翻动伤员躯干。若伤员患有心脏疾病（非心血管疾病），不可进行胸外心脏按压。

（2）进行心肺复苏的注意事项

需要注意的是，2005 年底美国心脏学会（AHA）发布了较新版的 CPR 急救指南，与旧版指南相比，主要就是按压与呼吸的频次由 15∶2 调整为 30∶2；

在美国心脏学会（AHA）2010 国际心肺复苏（CPR）& 心血管急救（ECC）指南标准中，胸外按压频率由 2005 年的 100 次/分改为“至少 100 次/分”；按压深度由 2005 年的 4～5 厘米改为“至少 5 厘米”。

CPR 的操作顺序也有了变化：由 2005 年的 A—B—C（旧），即：A 开放气道→B 人工呼吸→C 胸外按压；转为 2010 年的 C—A—B（新）即：C 胸外按压→A 开放气道→B 人工呼吸。

进行心肺复苏（CPR）的其他注意事项如下：

胸外按压时最大限度地减少中断；按压后保证胸骨完全回弹。

口对口吹气量不宜过大，一般不超过 1200 毫升，胸廓稍起伏即可。吹气时间不宜过长，过长会引起急性胃扩张、胃胀气和呕吐。吹气过程要注意观察患（伤）者气道是否通畅，胸廓是否被吹起。

胸外心脏按术只能在患（伤）者心脏停止跳动下才能施行。

口对口吹气和胸外心脏按压应同时进行，严格按吹气和按压的比例操作，吹气和按压的次数过多和过少，都会影响复苏的成败。

胸外心脏按压的位置必须准确。不准确容易损伤其他脏器。按压的力度要适宜，过大过猛容易使胸骨骨折，引起气胸血胸；按压的力度过轻，胸腔压力小，不足以推动血液循环。

施行心肺复苏术时应将患（伤）者的衣扣及裤带解松，以免引起内脏损伤。

（3）心肺复苏有效的体征和终止抢救的指征

首先应观察颈动脉搏动，如果有效，每次按压后就可触到一

次搏动。若停止按压后搏动停止，表明应继续进行按压。如停止按压后搏动继续存在，说明病人自主心搏已恢复，可以停止胸外心脏按压。

若无自主呼吸，人工呼吸应继续进行，或自主呼吸很微弱时，仍应坚持人工呼吸。

复苏有效时，可见病人有眼球活动，口唇、甲床转红，甚至脚可动；观察瞳孔时，可由大变小，并有对光反射。

当有下列情况可考虑终止复苏：

① 心肺复苏持续 30 分钟以上，仍无心搏及自主呼吸，现场又无进一步救治和送治条件，可考虑终止复苏。

② 脑死亡，如深度昏迷，瞳孔固定、角膜反射消失，将病人头向两侧转动，眼球原来位置不变等，如无进一步救治和送治条件，现场可考虑停止复苏。

③ 当现场危险威胁到抢救人员安全（如雪崩、山洪爆发）以及医学专业人员认为病人死亡，无救治指征时。

学会心肺复苏对每个人都会很有用，生活中有很多意外，很难保证我们是时时安全的。为了能够有危急时刻挽救生命，建议大家一定要学会初步的心肺复苏方法。

常见的出血类型和指压止血法

血液是人体重要的组成部分，成人的血液总是约占其人体重的 8%，少年儿童血液的总量可达体重的 9%。创伤一般都会引起出血。当失血量达到 20%时，就会有明显的临床症状，如血压下降、休克等；失血量达到 30%以上时，就有生命危险。因此，掌握一定的常识，学会判断出血量的多少和及时止血是非常重要的。

(1) 了解常见的出血类型

出血按其出血部位可分为皮下出血、外出血和内出血三类。青少年学生在学校或家庭中发生的创伤，大多数是外出血和皮下出血。

皮下出血多发生在跌倒、挤压、挫伤的情况下，皮肤没有破损，仅仅是皮下软组织发生出血，形成血肿、瘀斑。这种出血，一般外用活血化瘀、消肿止痛药稍加处理，不久便可痊愈。

外出血是指皮肤损伤，血液从伤口流出。根据流出的血液颜色和出血状态，外出血可分为毛细血管出血、静脉出血和动脉出血三种。最常见的是毛细血管出血。毛细血管出血时，血液呈红色，像水珠样流出，一般都能自己凝固而止血，没有多大危险。静脉出血时，血色呈暗红色，连续不断均匀地从伤口流出，危险性不如动脉出血大。动脉出血时，血液呈鲜红色，从伤口呈喷射状或随心搏频率一股一股地冒出。这种出血的危险性大。

(2) 掌握实用的指压止血方法

指压止血法指抢救者用手指把出血部位近端的动脉血管压在骨骼上，使血管闭塞，血流中断而达到止血目的。这是一种快速、有效的首选止血方法。采用此法救护人员需熟悉各部位血管出血的压迫点。仅适用于急救，压迫时间不宜过长。

具体做法是用拇指或拳头压在出血血管的上方，使血管被压闭合，以中断血液流动而止血。常见的指压止血法有：

上肢指压止血法——此法用于手、前臂、肘部、上臂下段的动脉出血，主要压迫肱动脉。可用拇指或四指并拢，压迫上臂中部内侧的血管搏动处。如下图：

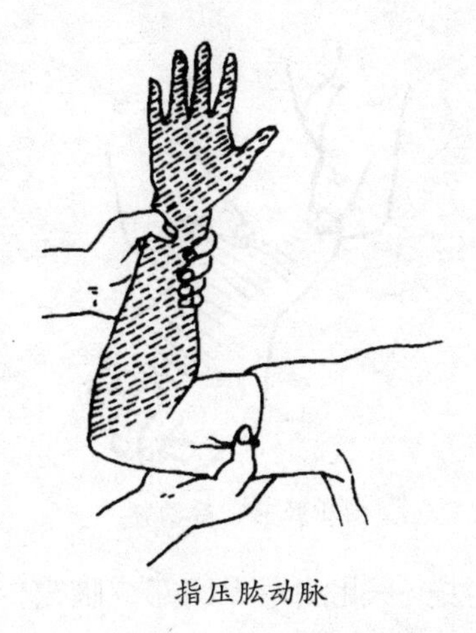

指压肱动脉

下肢指压止血法——此法用于脚、小腿或大腿动脉出血，主要压迫股动脉。可用两手拇指或拳头压迫大腿根部内侧的血管搏动处。如下图：

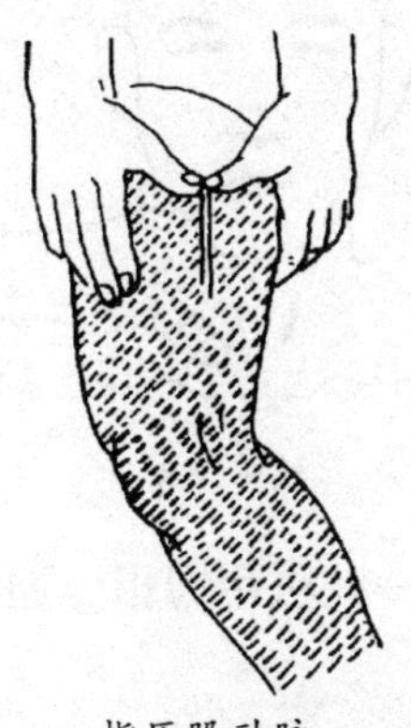

指压股动脉

脚部指压止血法——适用于一侧脚的大出血。用双手拇指和食指分别压迫伤脚足背中部搏动的胫前动脉及足跟与内踝之间的胫后动脉。如下图：

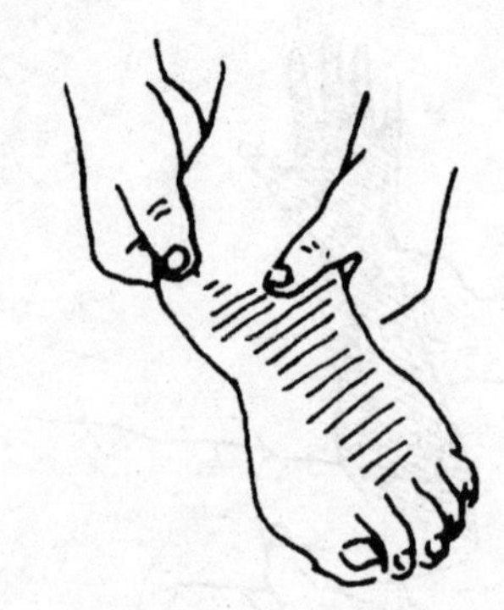

指压胫前、后动脉

肩部指压止血法——此法用于肩部或腋窝处的大出血，用手从锁骨上窝处压迫锁骨下动脉。如下图：

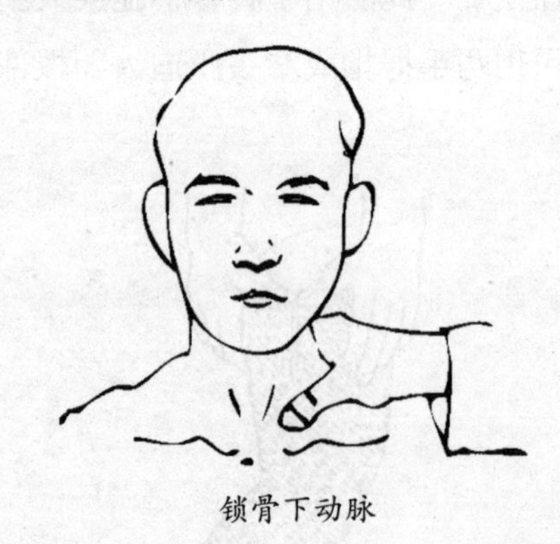

锁骨下动脉

面部指压止血法——此法用拇指压迫耳屏前的血管搏动处以止血。

颞部止血法——用拇指在耳前对着下颌关节上用力，可将颞动脉压住。如下图：

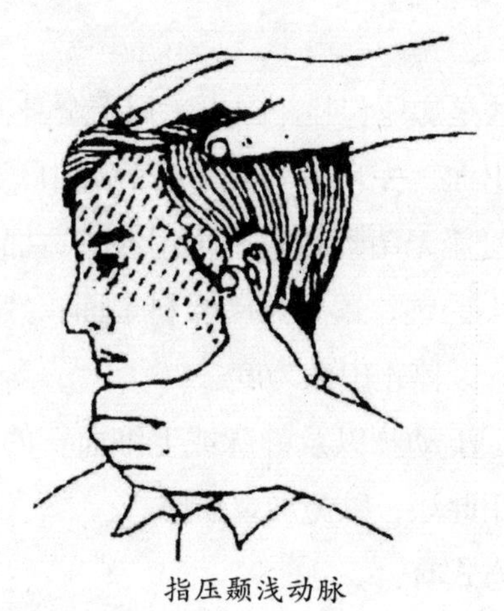

指压颞浅动脉

颈部止血法——在颈根部，气管外侧，摸到跳动的血管就是颈动脉，用大拇指放在跳动处向后，向内压下。

手掌手背止血法——一手压在腕关节内侧，通常摸脉搏处即桡动脉部，另一手压在腕关节外侧尺动脉处可止血。

手指止血法——用另一手的拇指和中指分别压住出血手指的两侧，可止血，不可压住手指的上下面；把自己的手指屈入掌内，形成紧握拳头式可以止血。

指压法只能作为应急处理，处理后应及时送医院或采取其他进一步措施。

加压包扎止血法

包扎止血法是指用绷带、三角巾、止血带等物品，直接敷在伤口或结扎某一部位的处理措施。

对表浅伤口出血或小血管和毛细血管出血，可粘贴创可贴止血：将自粘贴的一边先粘贴在伤口的一侧，然后向对侧拉紧粘贴

另一侧。

更常用的方法是加压包扎止血。适用于全身各部位的小动脉、静脉、毛细血管出血。先用敷料或清洁的毛巾、绷带、三角巾等覆盖伤口；伤口覆盖无菌敷料后，再用纱布、棉花、毛巾、衣服等折叠成相应大小的垫，置于无菌敷料上面；然后再用绷带、三角巾等紧紧包扎，以停止出血为度。

这种方法用于小动脉以及静脉或毛细血管的出血。但伤口内有碎骨片时，禁用此法，以免加重损伤。

加压包扎的方式有：

直接加压法——通过直接压迫出血部位而止血。操作要点：伤员坐位或卧位，抬高患肢（骨折除外），用敷料覆盖伤口，覆料要超过伤口周边至少 3 厘米，如果敷料已被血液浸湿，再加上另一敷料。用手加压压迫，然后用绷带、三角巾包扎。

间接加压法——伤口有异物的伤员，如扎入体内的剪刀、刀子、钢筋、玻璃片等，应先保留异物，并在伤口边缘固定异物，然后用绷带加压包扎。

加压包扎的具体做法有：

毛细血管出血止血法——毛细血管出血的表现是，血液从创面或创口四周渗出，出血量少、色红，找不到明显的出血点，危险性不大。这种出血常能自动停止。处理时通常用碘酊和酒精消毒伤口周围皮肤后，在伤口盖上消毒纱布或干净的手帕、布片，扎紧就可止血。

静脉出血止血法——静脉出血的表现是，暗红色的血 液缓慢不断地从伤口流出，其后由于局部血管收缩，血流逐渐减慢，这种出血的危险性也不大。止血与毛细血管出血基本相同。还可同进采取抬高患处以减少出血、加压包扎等方法加速止血。

骨髓出血止血法——骨髓出血的表现是，血液颜色暗红，可

伴有骨折碎片，血中浮有脂肪油滴。骨髓出血可用敷料或干净的多层手帕等填塞止血。

对由动脉血管损伤引起的“动脉出血”和由静脉血管损伤引起的“静脉出血”，单纯的压迫包扎伤口，往往不能达到止血的目的。

动脉出血时，出血呈搏动性、喷射状，血液颜色鲜红，可在短时间内大量失血，造成生命危险；静脉出血时，出血缓缓不断外流，血液颜色紫红。这些可通过“指压”和“止血带”等应急措施临时止血，再送医院或请救护人员前来救治。

止血带止血法的基本操作要领

止血带止血法用于四肢较大血管出血，加压包扎的方法不能止血时。这种方法能有效地控制四肢的出血，但损伤较大，应用不当可致肢体坏死，因此应谨慎使用，当其他方法不能止血时才用。

在具体操作时，首先将伤肢抬高两分钟，使血液回流。可暂在拟上止血带局部垫上松软敷料或毛巾布料。止血带中以气袖带止血带最好，绑好袖带后，外层应用绷带缠绕固定；其次最常用的是橡皮管（带），环绕肢体缠扎两周勒紧，以不出血为止；无制式止血带时，可在垫好衬垫后，用一布带绕肢体松松捆绑一周打结，在结下穿一短木棒，沿一个方向旋转短棒，使布带绞紧，至伤口不流血为止，将棒固定在肢体上。

在实际应用中，常用的有止血带有橡皮止血带（橡皮条和橡皮带）、气囊止血带止血（如血压计袖带）和布制止血带。其操作方法各有不同：

橡皮止血带：左手在离带端约 10 厘米处由拇指、食指和中指紧握，使手背向下放在扎止血带的部位，右手持带中段绕伤肢一圈半，然后把带塞入左手的食指与中指之间，左手的食指与中指紧夹一段止血带向下牵拉，使之成为一个活结，外观呈 A 字型。

气囊止血带止血：常用血压计袖带，操作方法比较简单，只要把袖带绕在扎止血带的部位，然后打气至伤口停止出血。一般压力表指针在 300mmHg（上肢），为防止止血带松脱，上止血带后再缠绕绷带加强。

表带式止血带：伤肢抬高，将止血带缠在肢体上，一端穿进扣环，并拉紧致伤口部停止出血为度。

布制止血带：将三角巾折成带状或将其它布带绕伤肢一圈，打个蝴蝶结，取一根小棒穿在布带圈内，提起小棒拉紧，将小棒按顺时针方向拧紧，将小棒一端插入蝴蝶结环内，最后拉紧活结并与另一头打结固定。

使用止血带时，应注意如下事项：

扎止血带时间越短越好，一般不超过 1 小时。如必须延长，则应每隔 50 分钟左右放松 3～5 分钟，在放松止血带期间需用指压法临时止血。

上止血带时应标记时间，因为上肢耐受缺血的时间是一个小时，下肢耐受缺血的时间是一个半小时。如果上止血带的时间过长，会造成肢体的缺血坏死，因此上止血带时应标记止血的起始时间。使用止血带的伤者优先护送及进一步处置。

避免勒伤皮肤，用橡皮管（带）时应先垫上 1～2 层纱布。

一般放止血带的部位：止血带应尽量靠近伤口。但在双骨部位（如前臂、小腿）不能使用止血带，应分别绑于上臂 1/2 处和大腿上 2/3 处，如果向下可能会损伤桡神经。前臂和小腿双骨部位不可扎止血带，因为血管在双骨中间通过，上止血带达不到压

闭血管的目的，还会造成组织损伤。

衬垫要平整垫好，防止局部压伤。

缚扎止血带松紧度要适宜，以出血停止、远端摸不到动脉搏动为准。过松达不到止血目的，且会增加出血量，过紧易造成肢体肿胀和坏死。

需要施行断肢（指）再植者不应使用止血带，如有动脉硬化症、糖尿病、慢性肾病等，其伤肢也须慎用止血带。

止血带只是一种应急的措施，而不是最终的目的，因此上了止血带应尽快到医院急诊科处理，才不会出危险。

在松止血带时，应缓慢松开，并观察是否还有出血，忌突然完全松开。

不可使用铁丝、绳索、电线等无弹性的物品充当止血带。

在发现别人大量出血时如何急救

当人体失血量超过全身血量的40%时，生命就会受到威胁。因此，在发现别人大量出血时，一定要尽快采取有效的措施：

首先要让伤者躺下。如果可以的话，把伤者的头置于稍微低于其身躯的位置，又或者是稍微抬高伤者的双腿。这样做是为了更好地使血液流向大脑，以减低昏晕的风险。可以的话，抬高一下伤者的出血点。

戴上手套之后，移走伤口上明显的污垢或者残留物。不要移走任何较大或者深藏于伤口里的物体。此时，不要探查伤口，也不要尝试去清理它。要记住的是，你的主要任务是止血。

直接对伤口施加压力。使用一条消毒过的绷带，干净的布甚至是一件衣服包扎伤口。如果身边没有可以包扎的材料的话，就直接用自己的手来止血。

对伤口施加压力，直到成功止血为止。一直按住伤口，持续至少 20 分钟，而且要记住，不要时不时地放开手，看看伤口是否已经止血了。要达到对伤口持续施压的目的，你可以用绷带（或者甚至是一件干净的衣服）以及胶布紧紧地把伤口包扎好。

不要移走纱布或者绷带。如果伤口持续出血，血液已经渗出到纱布上或者渗出到其它用来包扎伤口的材料上，切记，不要把这些包扎伤口的材料拿走。相反，你要做的是用更多吸收力好的材料包在伤口上。

必要的话，压住重要动脉。如果对伤口直接施加压力都达不到止血的目的，你应该先找出给伤口输血的动脉，然后对这动脉施加压力。手臂的血管出血压迫点是在手臂的内侧，具体来说，就是在肘关节上一点点，腋窝下一点点的地方。而大腿的血管出血压迫点就是在膝盖的后面，以及在腹股沟位置。用手压住这些区域里的主动脉，而且要记住，手指一直都是水平地施压的。然后用你另外一只手，继续用力压住伤口。

一旦止血成功，要让受伤部位固定不动。不要拆掉绷带，应让它一直绑住伤口。然后尽快把伤者送到急救室。

快、准、轻、牢地进行包扎

包扎是外伤现场应急处理的重要措施之一。及时正确的包扎，可以达到压迫止血、减少感染、保护伤口、减少疼痛，以及固定敷料和夹板等目的。相反，错误的包扎可导致出血增加、加重感染、造成新的伤害、遗留后遗症等不良后果。

在有出血的情况下，外伤包扎的实施必须以止血为前提。如

果不及时给予止血，就可能造成严重失血、休克，甚至危及生命。

伤口经过清洁处理后，才能进行包扎。

清洁伤口前，先让患者适当位置，以便救护人操作。如周围皮肤太脏并杂有泥土等，应先用清水洗净，然后再用75%的酒精消毒伤口周围的皮肤。消毒伤口周围的皮肤要由内往外，即由伤口边缘开始，逐渐向周围扩大消毒区，这样，越靠近伤口处越清洁。如用碘酒消毒伤口周围皮肤，必须再用酒精擦去，这种“脱碘”方法，是为了避免碘酒灼伤皮肤。应注意，这些消毒剂刺激性较强，不可直接涂抹在伤口上。伤口要用棉球蘸生理盐水轻轻擦洗。自制生理盐水，即1000毫升冷开水加食盐9克即成。

在清洁、消毒伤口时，如有大而易取的异物，可酌情取出；深而小又不易取出的异物，切勿勉强取出，以免把细菌带入伤口，或增加出血。如果有刺入体腔或血管附近的异物，切不可轻率地拔出，以免损伤血管或内脏，引起危险，对伤员不做处理反而相对安全。

伤口清洁后，可根据情况做不同处理。如系粘膜处小的伤口，可涂上红汞或紫药水，也可撒上消炎粉，但是大面积创面不要涂撒上述药物。如遇到一些特殊严重的伤口，如内脏脱出时，不应送回，以免引起严重的感染或发生其他意外。

包扎时，要做到快、准、轻、牢。快，即动作敏捷迅速；准即部位准确、严密；轻，即动作轻柔，不要碰撞伤口；牢，即包扎牢靠，不可过紧，以免影响血液循环，也不能过松，以免纱布脱落。

包扎材料最常用的是卷轴绷带和三角巾，家庭中也可以用相应材料代替。

包扎伤口，不同部位有不同的方法，下面是几种常用的包扎方法。

(1) **绷带环形法**

这是绷带包扎法中最基本最常用的，一般小伤口清洁后的包扎都是用此法。它还适用于颈部、头部、腿部以及胸腹等处。

方法是：第一圈环绕稍作斜状，第二圈、第三圈作环形，并将第一圈斜出的一角压于环形圈内，这样固定更牢靠些。最后用粘膏将尾固定，或将带尾剪开成两头打结。

(2) **绷带蛇形法**

多用在夹板的固定上。方法是：先将绷带环形法缠绕数匝固定，然后按绷带的宽度作间隔的斜着上缠或下缠绕，即成。

绷带蛇形法

(3) **绷带螺旋法**

多用在粗细差不多的地方。方法是：先按环形法缠绕数圈固定，然后上缠每圈盖住前圈的三分之一或三分之二成螺旋形。

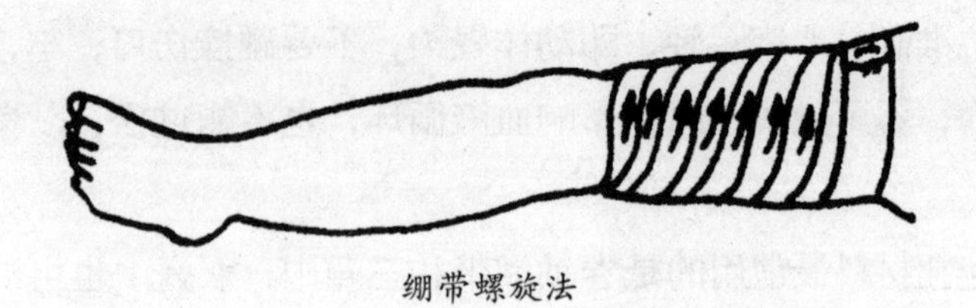
绷带螺旋法

(4) 三角巾头部包扎

先把三角巾基底折叠放于前额，两边拉到脑后与基底先作一半结，然后绕至前额作结，固定。

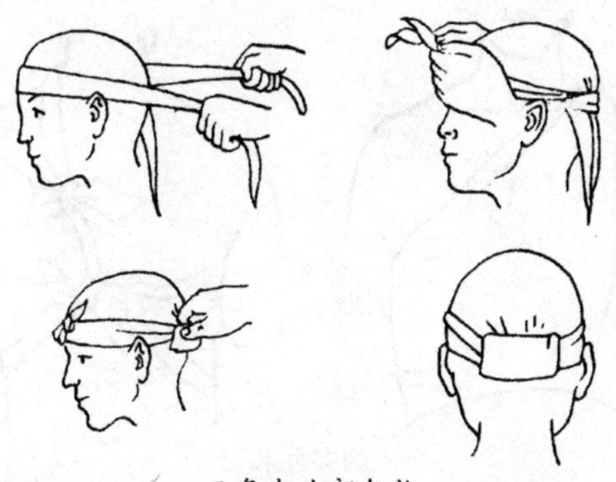

三角巾头部包扎

(5) 三角巾风帽式包扎

将三角巾顶角和底边各打一结，即成风帽状。

在包扎头面部时，将顶角结放于前额，底边结放在后脑勺下方，包住头部，两角往面部拉紧，向外反折包绕下颌，然后拉到枕后打结即成。

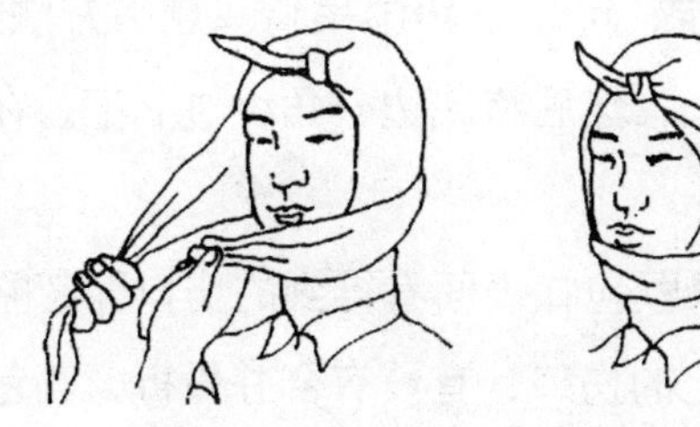

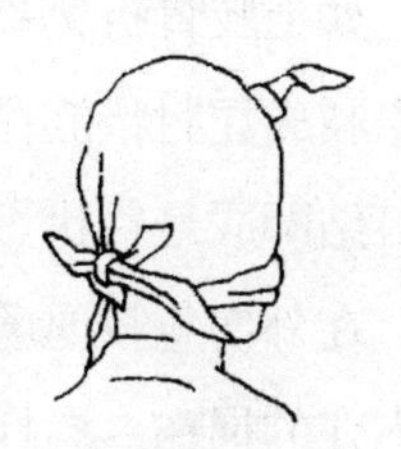

三角巾风帽式包扎

(6) 胸部包扎

如右胸受伤，将三角巾顶角放在右面肩上，将底边扯到背后

在右面打结，然后再将右角拉到肩部，与顶角打结。

(7) **背部包扎**

与胸部包扎的方法一样，只是位置相反，结打在胸部。

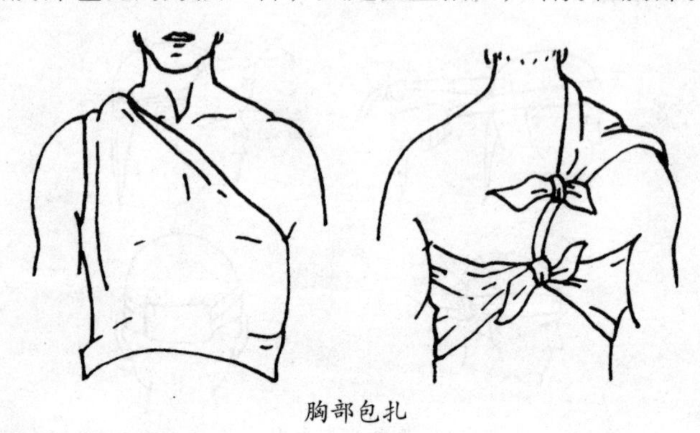

胸部包扎

(8) **手足的包扎**

将手、足放在三角巾上，顶角在前拉在手、足的背上，然后将底边缠绕，打结固定。

(9) **手臂的悬吊**

如上肢骨折需要悬吊固定，可用三角巾吊臂。悬吊方法是：将患肢成屈肘状放在三角巾上，然后将底边一角绕过肩部，在背后打结即成悬臂状。

在外伤急救现场，不能只顾包扎表面看得到的伤口而忽略其他内在的损伤。同样是肢体上的伤口，有没有合并骨折，其包扎的方法就有所不同：有骨折时，包扎应考虑到骨折部位的正确固定；同样是躯体上的伤口，如果合并内部脏器的损伤，如肝破裂、腹腔内出血、血胸等，则应优先考虑内脏损伤的救治，不能在表面伤口的包扎上耽误时间；同样是头部的伤口，如合并了颅脑损

伤，不是简单的包扎止血就完事了，还需要对伤员加强监护。对于头部受撞击的伤者，即使感觉良好，也需对其观察 24 小时。如出现头胀、头痛加重，甚至恶心、呕吐，则表明存在颅内损伤，需要紧急救治。

发生车祸时的现场救护措施

目前，我国的道路交通事故现场救护工作还比较落后，发生在公路上的大多数道路交通事故人体损伤得不到及时的救护，许多伤员不能乘救护车送至医院。实际上，1000 例交通事故伤害者中，只有 14.3％是乘救护车到达医院的。我国道路交通事故死亡者中，有约 60％死于医院或送医院途中，交通事故致死率高达 30％，比交通发达国家高 6～12 倍。而致死率高的主要原因之一，就是现场救护水平低下。

现场救护主要是检查了解伤情，并采取正确的现场救护方法和技术，做必要的处理，然后及时将伤员送往医院抢救，以求降低伤情，减少死亡。

发生车祸后，现场救护的主要措施如下：

(1) 迅速解救伤员

迅速将伤员从危险环境中解救出来，尽快脱险境，避免继续加重、加大人体损伤。如伤者压于车轮下或物体下，在抢救时绝对不能拉拽伤者的肢体，以防损害伤者的神经或血管。需移动车、物时可用人推，避免驱车不慎造成伤者二次受伤。

(2) 采取急救措施

采取正确的止血、固定、包扎、搬运、心肺复苏等现场紧急处理。应首先控制和制止大出血并疏通呼吸道，这是保护伤员生命的首要环节。固定伤肢是减轻疼痛、避免骨折损伤血管、神经、防止伤情加重的重要环节。切记不可放弃对假死者的抢救。

(3) 报警并求助 120 急救

迅速与交警、医院、急救机构联系，请专业急救人员参加现场救护，提高救护效果。

(4) 安全而迅速地护送伤员

在确保自身安全的前提下，拦截车辆，将伤员送往距离近、具有急救条件的医院和救护中心。先送危重伤员，后送轻伤员。

运送伤员是现场救护的重要环节，包括将伤员搬运到运送的车辆上和将伤员迅速送往医院，做好运送途中的护理。担架是较好的急救搬运工具，既方便又实用省力，伤员躺或趴在担架上比较舒服。在使用担架时，两个救护人员，把伤员抬起，轻轻抬到或翻转到担架上。脊椎骨折的伤员不能用普通的软担架搬运，需用木板担架。由 3～4 人分别用手托住伤员头、胸、骨盆和腿，动作一致地将伤员托起，平放在担架上或将伤员平滚到担架上。严禁一人抱肩一个抱腿的方法，以免造成脊柱扭转、脊髓断裂和下肢瘫痪的严重后果。

大多数交通事故伤员需靠拦截过往车辆运送到医疗单位。在拦截车辆的问题上，普遍地错误认为汽车越高级越好的倾向，觉得小客车稳定舒适。其实，最理想的护送工具是大、中型卡车，因为它能使伤员平卧其间；小客车虽有软坐椅，然而长宽不足，

伤员只能以被动屈曲姿势蜷卧在坐椅上，反而容易加重伤情。

如果现场距大医院较远，不要为寻求治疗医术较强的大医院而延误护送者，失去抢救机会，而可将伤者护送到离现场较近的医院，以便施行抢救措施，如因抢救工作需要，接诊医院均会邀请专科医院大夫或及时转院救治。

鼻出血的急救措施

鼻出血又称鼻衄，在青少年中经常发生，春秋季气候干燥时多发。可由鼻部疾病引起，也可由全身疾病引起；因外伤或气压性损伤也能导致鼻出血。

除了疾病引发的之外，撞击、车祸、跌伤、拳击伤及挖鼻等机械性创伤，是引起鼻出血常见的原因。在高空飞行、潜水过程中，如果鼻窦内外的气压差突然变化过大，也会使鼻腔鼻窦内黏膜血管扩张破裂出血。

鼻出血多为单侧，少数情况下可出现双侧鼻出血；出血量多少不一，轻者仅为涕中带血，重者可引起失血性休克，反复鼻出血可导致贫血。

鼻出血给青少年的心身健康带来危害，也影响了青少年的日常生活和学习，因此，应该尽快想办法止血，然后再根据引起流鼻血的原因进行治疗。

很多人都有过鼻流血的经历，情急之下，人们最常做的事就是用卫生纸等塞住鼻孔，但是专家提醒，这种止血方法是错误的。

鼻孔出血后，流出来的血可以用卫生纸擦拭，但把卫生纸往里塞是不对的。一方面，用卫生纸堵住鼻孔一般只是堵在口上，塞不到出血的破损位置，即使塞到出血部位，也常因压力不够不能止血。这种方法不仅徒劳无益，反倒可能形成大的血块，或使原本往外流的鼻血流到口腔、气管，咳嗽时会进入肺部，引起气管炎甚至肺炎。另一方面，许多卫生纸消毒并不好，上面含有各种细菌，纸被沾湿之后很可能会有少量粘在鼻腔中，反倒使得出血的鼻黏膜不能愈合甚至感染、糜烂；如果卫生纸塞的时间过长，腐朽后还会形成异物，带来不必要的麻烦。

一旦流鼻血，首先要全身放松，因为一紧张，血压就会升高，这样流的血更多，容易呛着自己，甚至会误吸进气管，导致窒息。一般人认为，流鼻血了应该马上向后仰，其实，这种做法只在症状较轻时管用。此时可拿毛巾蘸凉水洗洗脸，收缩脸上、头部和鼻窦的血管，很快就能止住血。症状较为严重时，不能后仰或低头，否则会把血呛到气道里。

正确的止血的方法有两种：物理止血法和药物止血法。物理止血法包括塞、压、堵，敷、扎；药物止血主要是收缩血管和加快血液的凝固。

如出血量小，可让慢慢坐下，稍向前倾斜。用拇指和食指紧紧地压住自己的两侧鼻翼，压向鼻中隔部，暂时用嘴呼吸。同时在前额部敷以冷水毛巾。一般压迫 5～10 分钟左右，出血即可止住。

如果出血量大，或用上法不能止住出血时，可采用压迫填塞的方法止血。具体做法是：用脱脂棉卷成如鼻孔粗细的条状，粘上云南白药，或用止血海绵填塞向鼻腔充填。填塞不能太细，因为填塞太松，达不到止血的目的。再继续捏住双侧鼻翼 10 分钟左右，即能止血。此时需注意观察咽部，若咽部有血向下流，说明鼻出血没有止住，需重新填塞。

如是高血压引起的鼻出血，可危及生命，须慎重处理。先让侧卧把头垫高，捏着鼻子用嘴呼吸，同时在鼻根部冷敷。止不住

血时，可用棉花或纱布塞鼻，同时在鼻外加压，就会止住。然后迅速通知急救中心或去医院。

如果这样处理还不能止住鼻出血，并且出血持续了20分钟以上，一定要寻求医生诊疗。如果认为鼻部可能有骨折，可以用冰敷。如果头部其他部位受到撞击后，随之出现鼻出血，可能提示有颅骨骨折，此时情况紧急。

无论什么原因，即使鼻出血被止住，也应该考虑是否需要去看医生，找出鼻出血的原因，清除致病菌因素，防止再次出现鼻出血。经常出血的人，更应及时到医院心内科、血液科或耳鼻喉科进行必要的检查。

耳朵出血的急救措施

耳出血常发生于耳鼓膜穿孔或颅底骨折时。鼓膜是一片具有一定韧性的薄膜，位于外耳道深部，是人体声音传导系统的重要组成部分。鼓膜易受直接损伤或间接冲击而破裂。直接损伤多见于掏耳朵或取异物时将镊子、发卡或火柴梗等伸入外耳道过深，以致刺破了鼓膜。间接冲击多见于爆破时的声波击破鼓膜所致；也可因跳水、拳击耳部或滑冰时突然跌倒，而使鼓膜被震破。

当头部外伤造成颅底骨折时，也可伤及鼓膜使之破裂。鼓膜一旦破裂，耳内突然感到剧痛，继之耳鸣、耳聋，有少量血从外耳道流出，严重时伴有眩晕、恶心、呕吐等。怀疑有鼓膜破裂的病人，应尽快送医院检查治疗。

很多人都有过耳流血的经历，情急之下，人们最常做的事就是用卫生纸等塞住耳孔，但是专家提醒，这种止血方法是错误的。

耳朵出血后，流出来的血可以用卫生纸擦拭，但不要堵，应让血流出来，否则容易造成感染，特别是对颅底骨折的人来说更要注意。颅脑外伤后有血性液体从鼻腔、口内或耳道流出，这通常表明发生了颅底骨折。如果流出的液体被证明含有脑脊液的话，则意味着骨折撕破了硬脑膜和蛛网膜，发生了脑脊液外漏，原来封闭的脑室和蛛网膜下腔就相当于与外界相通了。此时如果填塞的话，脑脊液就不能流出而积聚在其内，细菌可由骨折处侵入脑组织，造成严重的颅内感染，后果将难以控制。

以下是几种正确处理耳朵出血的急救方法：

伤者如意识清楚，可让他保持侧卧姿势，头倾向出血侧，让血水或脑脊液自然流出，以免出现淤积、逆流，造成感染。

必要时，每隔 10 分钟检查伤者的呼吸、脉搏及意识程度。若无呼吸心跳，则马上进行人工心肺复生术，症状稍缓后及时送往医院。

不要随便往耳朵里滴药或冲洗外耳道，以免不慎将细菌带入耳内，引起中耳炎。在医生未诊治前，如外耳道口处有泥土或异物，可用 70％酒清棉球擦去泥土，并小心地用干净镊子取出异物。经医生确诊为鼓膜破裂后，每天需用牙签卷上少量脱脂棉再沾点 70％酒精或 60 度白酒擦外耳道 1～2 次，然后用消毒棉球轻轻堵住外耳道口，防止灰尘进入。

当颅底骨折引起鼓膜破裂时，可能会从外耳道流出清亮的或血性的流体，这种流体就是脑脊液，临床上叫作外伤性脑脊液耳漏。此时，不要用堵塞外耳道的方法止血，否则会给中耳道造成压力，还可能造成逆行感染，使细菌进入颅内，带来更大的危害。应及时送医院，进行专科治疗。

如果耳鼓膜破裂，在洗面、洗头、洗澡时，注意不要将水灌进外耳道，同时应尽量做到不擤或少擤鼻涕，以免气体和鼻涕经咽鼓管进入鼓室，引起中耳炎。

如果耳出血量大，感到情况严重，可以用纱布包扎，及时到医院查明病因，请医生对症处理。

骨折的现场急救原则和方法

骨折就是指由于外伤或病理等原因致使骨头或骨头的结构完全或部分断裂。多见于儿童及老年人，中青年也时有发生；青少年因其生理特点和生活习惯，较易发生骨折现象。常见为一个部位骨折，少数为多发性骨折。骨折后经及时恰当处理，多数人能恢复原来的功能。

为了最大限度地减轻伤害，骨折现场急救应遵循一定的原则。

骨折现场急救的首要原则是抢救生命。如发现伤员心跳、呼吸已经停止或濒于停止，应立即进行胸外心脏按压和人工呼吸；昏迷病人应保持其呼吸道通畅，及时清除其口咽部异物；处理危及生命的情况。

开放性骨折伤员伤口处可有大量出血，一般可用敷料加压包扎止血。严重出血者使用止血带止血，应记录开始的时间和所用的压力。伤口立即用消毒纱布或干净布包扎伤口，以防伤口继续被污染。伤口表面的异物要取掉，若骨折端已戳出伤口并已污染，但未压迫血管神经，不应立即复位，以免污染深层组织。可待清创术后，再行复位。

固定是骨折急救处理时的重要措施，其主要目的是：避免骨折端在搬运过程中对周围重要组织，如血管、神经、内脏等损伤；减少骨折端的活动，减轻患者疼痛；便于运送。

骨折固定所用的夹板的长短、宽狭，应根据骨折部位的需要来决定。长度须超过折断的骨头；夹板或木棍、竹枝等代用品在使用时，要包上棉花，布块等，以免夹伤皮肤。

发现骨折，先用手握住折骨两端，轻巧地顺着骨头牵拉，避免断端互相交叉，然后再上夹板。

一般说来，骨折固定要做超关节固定，即先固定骨折的两个断端，再固定其上下两个关节。

绑好夹板后，要注意是否牢固，松紧是否适宜。四肢固定要露出指趾尖，便于观察血液循环。如出现苍白、发凉、青紫、麻木等现象，说明固定太紧，应重新固定。

骨折现场急救时的固定是暂时的。因此，应力求简单而有效，不要求对骨折准确复位；开放性骨折有骨端外露者更不宜复位，而应原位固定。急救现场可就地取材，如木棍、板条、树枝、手杖或硬纸板等都可作为固定器材，其长短以固定住骨折处上下两个关节为准。如找不到固定的硬物，也可用布带直接将伤肢绑在身上，骨折的上肢可固定在胸壁上，使前臂悬于胸前；骨折的下肢可同健肢固定在一起。

骨折后，强烈的疼痛刺激可引起休克，因此应给予必要的止痛药。这最好在医生的协助或指导下进行。

经以上现场救护后，应将伤员迅速、安全地转运到医院救治。转运途中要注意动作轻稳，防止震动和碰坏伤肢，以减少伤员的疼痛。

戳伤和扭伤的四步急救法

青少年在从事球类运动和跑步时，有时会造成手指和脚趾的戳伤或扭伤。

无论手指还是脚趾的戳伤、扭伤，症状基本相同，主要有五

个表现：一是患处明显发红；二是感到患处发热，像有火在灼烧；三是疼痛不已；四是关节处肿胀；五是关节处活动受限，难以弯曲。

这是因为，手指或脚趾被戳伤、扭伤后，指关节、关节囊、掌指关节以及关节周围韧带被损害，发生了急性闭合性组织损伤。

经常运动的人应该掌握一些正确处理办法，可以尽快缓解疼痛。而想要避免戳伤和扭伤，做好准备活动很重要，比如手指要多次伸张，保护好脚趾就要多做蹬腿运动，以便让关节和韧带变得柔软。另外，还可以在运动前适当使用保护器具，如用橡皮膏把触球最多的手指关节先缠起来。最后，掌握正确的运动动作以及避免激烈的冲撞，也能避免戳伤和扭伤。

万一戳伤、扭伤等不慎发生时，掌握下面介绍的 RICE 急救法，能起到避免病情进一步加剧、加快康复的作用。

第一步，休息。

受伤后马上休息，可以促进较快地复原，减少疼痛、出血或肿胀，以防伤势恶化。

第二步，冷敷。

休息 15～20 分钟后，须冷敷 15～20 分钟，然后拿开冰块休息 5 分后再敷。这样可使血管收缩，减少肿胀、疼痛及痉挛。冷敷时皮肤的感觉有四个阶段：冷→疼痛→灼热→麻木。当变成麻木时，就可以结束冷敷。不要太早停止冷敷而急着用热敷。伤后两日内，每天使用冷敷至少 3～4 次。较严重伤害时，建议在使用冷敷 3 日后、且肿胀有明显消退时，才考虑使用热敷。

第三步，加压。

先用干净敷料盖住伤口，用手、绷带等压迫患处，可减缓伤势恶化。包扎时，从伤处几寸之下开始往上包，大约以一半左右，做螺旋状重叠，以平均且稍加压力的方式逐渐包上，但经伤处时

要松些，保证伤肢血液循环畅通。观察露出脚趾或手指的颜色，若有疼痛、皮肤变色、麻痹、刺痛等症状，表示包得太紧，应解开重包。

第四步，抬高。

把伤处抬高于患者心脏高度，可以止血止肿。如果怀疑有骨折，应先将伤处用夹板固定后再抬高。

防止被蜂蜇和被蜇后的急救常识

2011 年 11 月 8 日下午 17 时左右，广西河池市巴马县凤凰乡三康小学学生结伴回家时，不知何故，突遭马蜂袭击。由于事发地在一山坡上，大家只能拥挤地到处乱串。混乱中，年龄较大的孩子跑了出去，年纪小的被蜇到。为了救妹妹，8 岁的王芳失去了生命……

因被蜂蜇伤死亡的类似事例是很多的。据说每年被蜂蜇死的人多于死于毒蛇的人。尽量保护自己防止被蜇、掌握一些被蜇后的急救常识、了解一些相关知识是很有必要的。

一般常见的蜂有马蜂、蜜蜂、黄蜂和胡蜂。蜂类毒素中主要有蚁酸、多种酶、神经毒素、溶血毒素等。不同的蜂类所含毒素并不一样：蜜蜂的毒素呈酸性；胡蜂的毒素呈碱性。蜂类尾部的毒刺与腺体相连，蜂蜇人是靠尾刺把毒液注入人体，只有蜜蜂蜇人后把尾刺留在人体内，其他蜂蜇人后将尾刺收回。

人被单个蜂蜇伤，一般只表现局部红肿和疼痛，数小时后可自行消退，若被蜂群蜇伤，可出现头晕、恶心、呕吐、呼吸困难(对蜂毒过敏者会迅速出现荨麻疹、喉头水肿或气道痉挛，可导致窒息)，严重者可出现休克、昏迷甚至死亡。

在平时，要尽量小心，避免被蜂蜇。看到单个觅食的马蜂或蜜蜂，不要主动去惹它。不要随意接近马蜂巢，特别是巢比较大的马蜂，应该距离20米以上，不要用石头砸马蜂窝或用棍子桶(如果发现家附近有马蜂窝威胁安全、影响生活，应由成人或消防人员处理)。

如果发现一只蜂朝你过来了，尽量不要动。因为它更容易主动攻击会动的东西！如果靠的太近了，而且只有一只，就看看能不能把它拍死。没有把握或不敢拍的话，就静静地不要动，等它飞开。注意不要让自己的呼吸喷到它。

一个人一旦被一只马蜂蜇了，就会很快遭到成群马蜂的围攻。这是因为马蜂蜇人时，蜇针与报警信息素会同时留在人的皮肤里。人被蜇后的最初反应是捕打，信息素的气味便借助打蜂时的挥舞动作扩散到空气中，其他马蜂闻到这种气味后，即刻处于激怒的骚动状态，并能迅速而有效地组织攻击。因此，从一开始就要想尽一切办法避免被螫到。遭遇群蜂的时候，用衣服把自己遮起来，迅速逃离才是上策。

发现有人被蜇伤时，应迅速将患者转移至安全地带，避免多次被毒虫咬（螫）伤，使病情加重。同时，施救者应特别注意自身的保护。

如果情况严重，应考虑结扎被螫伤者的伤肢，在伤肢近心端用止血带或其他系带结扎，以阻止毒液吸收。结扎松紧以阻断静脉和淋巴回流为宜，每15～30分钟放松扎带1～2分钟，以免患肢缺血坏死。

不要惊慌，保持安静，被螫伤的面部可用冰块或冷水等冷敷，以延缓毒液吸收，并减轻机体对毒液的反应；禁用热敷，以免加速毒素吸收和扩散。

被蜜蜂螫伤后，要仔细检查伤口，若尾刺在伤口内，可见皮

肤上有小黑点，用镊子、针尖挑出，如果有医用透明胶带或胶布，可贴在被蜂蜇伤的部位，再用力撕开，这样可粘掉毒针。

伤者自己最好用力掐住被蜇伤的部分，如能用嘴吸伤口，可用嘴反复吸吮，吐掉，以吸出毒素。

不可挤压伤口，以免毒液扩散。蜜蜂的毒液呈酸性，所以用碱性溶液（如3%氨水、5%碳酸氢钠溶液或肥皂水等）涂擦中和毒液；若被黄蜂蛰伤，因其毒液呈碱性，所以用弱酸性液体（如醋酸或食醋等）中和。将生姜、大蒜等捣烂、嚼烂涂在伤口处也行。

蜂蛰伤后局部症状严重，过敏性休克者，立即送医院治疗。

对溺水者的急救措施

有媒体报道，中国每年有超过5万人溺水死亡，相当于每天有150多人。其中0～14岁的占57%，是这个年龄段的第一死因，特别是农村地区更为突出。随着开展水上运动，鼓励青少年参加游泳锻炼，溺水的发生率有增加的可能。

溺水后由于大量水或水中异物同时灌入呼吸道及吞入胃中，从而影响气体交换，引起窒息（这种情况约占85%～90%），约5～6分钟即可死亡。如因寒冷及呛水刺激引起反射性喉头痉挛(约占溺水死亡的10%)，此时气管虽未进水，同样可以造成急性窒息，溺水者因缺氧而引起昏迷、心脏突然停搏致死，时间更短。

2012年5月25日下午，广东东莞某村治安队员从河里救出两名溺水幼儿。据说当时孩子已没有呼吸，由于村民采取了有效的急救措施，保住了两个孩子的性命。

对溺水者，抢救越及时，成功率越高，切不可急于往医院送

而延误宝贵的抢救时机，使溺水者失去存活机会。

因此，让更多人的掌握溺水的现场急救方法是非常重要的。

对溺水者的救治贵在一个“早”字，将溺水者救上岸，首先要做的不是急忙找医生或送医院，而是迅速检查溺水者是否有呼吸和心跳。对仍有呼吸心跳的溺水者，可给予倒水处理：立即清除其口、鼻咽腔内的水、泥及污物，用纱布（手帕）裹着手指，将伤员舌头拉出口外，解开衣扣、领口，以保持呼吸道通畅，然后抱起伤员的腰腹部，使其背朝上、头下垂，将其胃和气管内的水排出；或者抱起伤员双腿，将其腹部放在急救者的肩上，快步奔跑，一方面可使肺内积水排出，另一方面也有协助呼吸的作用；或急救者取半跪位，将伤员的腹部放在急救者腿上，使其头部下垂，并用手平压腹部，进行倒水。

湿衣服吸收体温，妨碍胸部扩张，影响人工呼吸的效果。抢救时，应先脱去溺水者的湿衣服，盖上毛毯等保温。

要尽快协助溺水者通畅呼吸道：将溺水者头后仰，抬高下颌，使呼吸道开放，保持呼吸道通畅。

对呼吸停止的溺水者，应立即进行人工呼吸，一般以口对口吹气为最佳。急救者位于伤员一侧，托起伤员下颌，捏住伤员鼻孔，深吸一口气后，往伤员嘴里缓缓吹气，待其胸廓稍有抬起时，放松鼻孔，并用一手压其胸部以助呼气。反复并有节律地（每分钟 16～20 次）进行，直至恢复呼吸为止。

心搏停止者，应先进行胸外心脏按压或心肺复苏术，直到心跳恢复为止。

经现场初步抢救，若溺水者呼吸心跳已经逐渐恢复正常，可让其服下热茶水或其它汤汁后静卧，可用干毛巾擦遍全身，自四肢躯干向心脏方向摩擦，以促进血液循环。

对仍未脱离危险的溺水者，应尽快送往医疗单位继续进行复

苏处理及预防性治疗。在转运途中，心肺复苏绝对不能中断。溺水后存活与否的关键是溺水时间、水温、溺水者的年龄、及时有效的心肺复苏在抢救中极为重要。

冬季溺水，低温可降低组织氧耗，延长了溺水者可能生存时间。因此，即使溺水长达 1 小时，也应积极抢救。

在进行现场急救的同时，要迅速打 120 就近送医院救治。每一个溺水者经现场急救后，都应到正规医院住院，观察治疗至少 24 小时。这是因为无论溺于淡水还是海水，伤者在 12 小时内仍有可能发生暴发性肺水肿和脑水肿或重症肺炎，处理不当也会致命。

七

避免生活中的伤害，学会自我保护

在媒体上经常可看到或听到这样的事：有的孩子在河边玩，一不小心落水身亡；有的孩子因为不懂用电知识，被电击伤或引发火灾；有的孩子因为在野外不会辨识方向和求救，旅游时发生意外；有的遇到了紧急情况需要求助，却不知如何简明地报警……这些青少年因为缺乏自我保护能力弱而致亡致残的事实让人痛心不已。因此，青少年平时就要注意自我保护知识，提高自我保护意识和能力，以便在危难中有效的自救。

在遇到拥挤踩踏事故时如何避免受到伤害

几乎世界上各个国家都发生过严重的踩踏事故。最悲惨的踩踏事故发生在1990年的麦加，1426名朝觐者被踩死或窒息而死。在我国严重的踩踏事故也时有发生。比如，2004年2月5日北京市密云灯会的踩踏事件造成37人死亡，数十人受伤。同时，在校园内也经常发生踩踏事故，如2005年10月25日晚上8点，四川省巴中市通江县广纳小学拥挤踩踏事故中，8名学生死亡、17名学生受伤；2010年11月29日12时许，位于新疆阿克苏市杭州大道的阿克苏第五小学发生踩踏事故，近百名孩子受伤被送往医院。

近些年来，全球各地类似事故屡见不鲜，儿童最易成为首先受到伤害的人群。因为儿童属于弱势群体，在混乱的人群中，往往因为力气小、个子矮或是跑不快，而被人撞倒，受到伤害。

青少年要清楚地认识到，在那些空间有限，人群又相对集中的场所，例如商场、狭窄通道或楼梯、影院、庙会、超载的车辆等，都隐藏着潜在的危险，应尽量避免或减少去这些场所。当身处这样的环境中时，一定要提高安全防范意识。

可能导致踩踏事故的原因可能是多种多样的。比如，人群较为集中时，前面有人摔倒，后面人未留意，没有止步；人群受到惊吓，产生恐慌，如听到爆炸声、枪声，出现惊慌失措的失控局面，在无组织无目的的逃生中，相互拥挤踩踏；人群因过于激动（兴奋、愤怒等）而出现骚乱，易发生踩踏；因好奇心驱使，专门找人多拥挤处去探索究竟，造成不必要的人员集中而踩踏……等等。

如果你此时正好置身在这样的环境中，就非常有可能受到伤

害。在一些现实的案例中，许多伤亡者都是在刚刚意识到危险，就被拥挤的人群踩在脚下。因此，懂得如何判别危险，怎样离开危险境地，如何在险境中进行自我保护，就显得非常重要。

当发现前方有人突然摔倒后，旁边的人一定要大声呼喊，尽快让后面的人群知道前方发生了什么事，否则，后面的人群继续向前拥挤，就非常容易发生拥挤踩踏事故。面对混乱的场面，良好的心理素质是顺利逃生的重要因素，争取做到遇事不慌，否则大家都争先恐后往外逃的话，可能会加剧危险，甚至出现谁都逃不出来的惨剧。

到人员集中的场合，尽量要事前熟悉附近所有的安全出口。意外发生时，要保持冷静，提高警惕，尽量不要受周围环境影响。

发觉拥挤的人群向着自己行走的方向拥来时，应该马上避到一旁，但是不要奔跑，以免摔倒。

如果路边有商店、咖啡馆等可以暂时躲避的地方，可以先躲进其中暂避一时。但切记远离店铺的玻璃窗，以免因玻璃破碎而被扎伤。

切记不要逆着人流前进，那样非常容易被推倒在地。

若身不由己陷入人群之中，一定要先稳住双脚。如有可能，抓住一样坚固牢靠的东西，例如栏杆或柱子之类，待人群过去后，迅速而镇静地离开现场。

遭遇拥挤的人流时，一定不要采用体位前倾或者低重心的姿势，即便鞋子被踩掉，也不要贸然弯腰提鞋或系鞋带。

在拥挤的人群中，要时刻保持警惕，当发现有人情绪不对，或人群开始骚动时，就要做好准备保护自己。

此时脚下要敏感些，千万不能被绊倒，避免自己成为拥挤踩踏事件的诱发因素。

当发现自己前面有人突然摔倒了，马上要停下脚步，同时大

声呼救，告知后面的人不要向前靠近。

若被推倒，要设法靠近墙壁。面向墙壁，身体蜷成球状，双手在颈后紧扣，以保护身体的头、颈、胸、腹等最脆弱的部位。

掌握一些预防游泳溺水的常识

2012年6月2日，咸阳一天内发生5少年溺亡；2012年8月9日傍晚，河北省赞皇县某村两名14岁的少年在放学后到河边玩耍时溺亡；2012年8月30日下午3时许，湖北某地8名孩子相约到一个汽渡码头江边玩耍，两个孩子下水后遇险，岸上的孩子纷纷下水救援，因为不会游泳，最终有3名男孩被江水吞没……因游泳溺亡的事故每年在各地都有发生。浙江省公安厅110指挥中心数据显示，2012年5月以来，平均每两天就有一人溺水死亡，其中，中小学生和幼儿占67.5%；来自浙江省疾控中心的伤害流行病学研究报告指出，在青少年伤害死亡原因中，溺水占41.73%，居第一位，成为中小学生非正常死亡的“主要杀手”。

游泳是一项十分有益的体育活动，既能强身健体，又能通过较大强度的训练，达到锻炼意志、使机体更加灵活的目的。但假如青少年缺乏有关知识或粗心大意，就很容易出现溺水的情况，发生危险。

为了减少事故，避免悲剧的发生，青少年一定要学习和掌握一些预防游泳溺水的常识。

首先，不要在有吸血虫、漩涡、淤泥、水草、杂石、污染、船只往来频繁的航道和有凶猛鱼类的海滨、湖泊、江河游泳，这些地方既不卫生，也不安全。

游泳前，要详细了解水下情况，如坡度、水底障碍等。不要在积水的废矿场游泳。这些地方的水既深且冷，岸壁陡峭，很难爬上来，水中也可能暗藏有伤人的障碍物。有时候，波浪或水面出现与别处不同的波纹，表示水底有障碍物，但有时没有任何迹象。所以，在没有弄明水底情况之前，不要贸然下水游泳。

在海岸边游泳要了解潮汐规律，摸清涨潮、退潮时间。尽量不要远离海边。

选定岸上某个标记，随时留意，以便观察自己有没有游离安全区。不要顺流任意游出去，否则就有可能无法游回来。

在海中不要用救生圈之类的助浮工具，否则可能在不知不觉中随水漂流到深处而无法游回岸边。

要在海滩的中央地区或在红旗和黄旗标明的地带游泳，不要在隔离地段或远海或岩石附近游泳。

不要在河口、水闸口、桥旁、失事船边或防波堤附近游泳。

不会游泳的、或游泳技术不高的人不要到深水去游。

一定要先彻底弄清水中的情况后，才能跳水。水深至少 3 米，水底没有水草、碎石、杂物等，才适合跳水。应在有跳水设备的游泳池、场中跳水，不要在跳水区游泳，也不要两个人同时跳水。跳入水中前，要看清楚，有没有别人先你跳入水中或潜入水底。

不要独自在天然水域中游泳，必须结伴而行，尤其是少年儿童。由于少年儿童的智力、判断力、体力都比较弱，在没有大人的照顾下，更容易发生溺水。

不可逞强好胜，不要过高估计自己的体力和游泳技术而远游，如游得太远无力返回，就会造成溺水。

在深水中游泳不要开玩笑、恶作剧。不要把别人压入水中，避免出现意外的溺水事故。

饥饿时人体内血糖含量降低，如这时游泳就会出现头晕、昏厥以致溺水。饱食后游泳由于血液多流向胃肠，因此造成脑部血

液供给不足，也会出现头晕，造成险情。过度疲劳后游泳容易造成抽筋或因体力不支而溺水。

游泳前要做好充分的准备活动，使身体各部分肌肉、关节及内脏器官、神经系统都进入兴奋状态，使身体适合激烈的游泳活动和适应低温水的刺激。否则容易出现头晕、恶心和心慌等不适应感觉，或发生抽筋、肌肉拉伤等事故。

不要在游泳池边跑动，防止一不留心滑倒跌伤或与别人相碰受伤。

游泳遇险时沉着、冷静地自救

游泳中常会遭遇到的意外是抽筋、疲乏、漩涡、急浪等。掌握一定的自我救护技术，可以排除险情或争取时间等待他人救护。

游泳中遇到意外事故时，要沉着、冷静，按照一定的方法进行自我救护，实在不行时，发出呼救信号，以便及时得到同伴或救护员的帮助与救护。

下面是青少年应了解和掌握的在几种不同情况下的自救措施：

(1) 水中抽筋的自救

在游泳中，有时会发生抽筋。抽筋的主要部位是小腿和大腿，有时手指、脚趾及胃部等部位也会发生。抽筋原因主要是因为下水前没有做准备活动或准备活动不充分，身体各器官肌肉组织没活动开，下水后突然做剧烈的蹬水和划水动作，或因水凉刺激肌肉突然收缩而出现。游泳时间长，过分疲劳及体力消耗过多，在机体大量散热或精神紧张，游泳动作不协调等情况下也会出现抽筋。

游泳时发生抽筋，千万不要惊慌，一定要保持镇静，停止游动，仰面浮于水面，并根据不同部位采取不同方法进行自救。

若因水温过低或疲劳产生小腿抽筋，则可使身体成仰卧姿势，用手握住抽筋腿的脚趾，用力向上拉，使抽筋腿伸直，并用另一腿踩水、另一手划水，帮助身体上浮，这样连续多次即可恢复正常。上岸后，用手掐住腿肚子的疼痛部位进行按摩和拍打。

两手抽筋时，应迅速握紧拳头，再用力伸直，反复多次，直至复原。

上腹部肌肉抽筋时，可仰卧水里，把双腿向腹壁弯收，再行伸直，重复几次，直至感觉基本正常。

抽过筋后，改用别种泳姿游回岸边。如果不得不仍用同一泳姿时，就要提防再次抽筋。

(2) 水草缠身的自救

江、河、湖泊靠近岸边或较浅的地方，一般常有杂草或淤泥。应尽量避免到这些地方去游泳。如果被水草缠住，首先要镇静，切不可踩水或手脚乱动，否则就会使肢体被缠得更难解脱。

可试着用仰泳方式（两腿伸直、用手掌倒划水）顺原路慢慢退回。或平卧水面，使两腿分开，用手解脱。

最好努力用手把缠身的水草拉断，或试着把水草用脚踢开，或像脱袜那样把水草从手脚上拉下来。自己无法摆脱时，应及时呼救。

摆脱水草后，轻轻踢腿而游，并尽快离开水草丛生的地方。

(3) 身陷漩涡的自救

河道突然放宽和收窄处、急骤曲折处，水底有突起的岩石等阻碍物、有凹陷的深潭，河床高低不平等地方，都会出现漩涡。

山洪暴发、河水猛涨时，漩涡最多。海边也常有漩涡，要多加注意。

有漩涡的地方，一般水面常有垃圾、树叶杂物在漩涡处打转，只要注意就可及早发现，应尽量避免接近。

如果已经接近，切勿踩水，应立刻平卧水面，沿着漩涡边，用爬泳快速地游过。因为漩涡边缘处吸引力较弱不容易卷入面积较大的物体，所以身体必须平卧水面，切不可直立踩水或潜入水中。

（4）疲劳过度的自救

过度疲劳后游泳或游泳过度，都容易造成抽筋或因体力不支而溺水。

当游泳时觉得寒冷或疲劳，应马上游回岸边。如果离岸太远，或过度疲乏而不能立即回岸，就仰浮在水上休息，以保留和恢复体力。如果没有人来援助，等到体力恢复后再慢慢游回岸边。

在进行体育运动时避免意外伤害

体育活动已逐渐成为现代人生活的一部分，生活在活动空间并不宽广的大都市的青少年，对体育运动更是别有一份特别的钟爱。

有的青少年爱在篮球场上纵横驰骋；有的青少年爱在绿茵场上追逐那份动人心魄的感受；更有的青少年喜欢乒乓球、羽毛球……体育课是大多数孩子都非常喜欢的科目。

体育运动有陶冶情操、强身健体的作用。作为一种运动，它本身有它的运动规律。而青少年常常头脑一热，就会忽视安全的

规则，违背体育运动本身的规律，给自身成长带来一些伤害。

为了避免造成不必要的意外伤害，青少年学生首先要掌握进行体育运动的安全常识。

上体育课，首先必须穿上全套的运动装备。诸如运动服，运动鞋之类，这是老生常谈的话题。但很多孩子常常懒得去思考穿运动装参加体育运动的益处。体育运动大多是一种积极而剧烈的体力活动，也是一种全身心投入的运动。全身的各个部分都在紧张而集中的体育活动中迅速地进入运动状态，并持续到运动状态的结束。因此，宽大而舒适的运动服能给我们运动起来的身体提供一种很好的保护，保证我们身体各部分的运动需要。运动装的弹性会给我们提供一个宽松的空间，以保证骨骼与关节不会因为运动挤压而受到损伤。

如果参加足球运动的话，对身体的保护就显得更为重要，护腿、运动长袜、足球鞋，这些都是必需的“装备”。

运动装备是我们参加体育运动的基础，这就是为什么体育课上体育老师三令五申强调要穿运动服的原因。

体育课前的准备活动，常常让急于去踢球的孩子很难接受。是的，好不容易盼来的一节体育课，谁都想上去踢两脚球，谁有耐心将时间浪费于那些看似无用的准备活动上呢？这就大错而特错了！

体育运动中的损伤特别多地出在忽视必要的准备活动上。让身体迅速进入剧烈运动状态，有时会非常危险，比如，在马拉松比赛中，时常有运动员猝死的事件发生，其中很多人是因为准备活动不足造成的。

为了避免和减少意外伤害的发生，上体育课前要对自己的穿戴作全面而细心的检查。戴眼镜的同学，最好摘掉眼镜；衣服上爱别小东西的同学，注意最好除下校徽、证章、胸章等；衣裤千

万不要装小刀，钩针等锋利的物品。千万不可忽视这些细微的准备工作，小小的疏失，说不定会给你带来意想不到的危险！

体育课上的训练项目多种多样，各种不同的训练项目，因使用的器械不同，而有不同的注意事项。

单双杠与跳高训练，千万注意：器械下面必须备好厚度符合要求的垫子。做单双杠的动作时，注意双手握扛时不能打滑。

跳箱、跳马等跨越训练，要备好起跳板，器械后还要有海绵垫。老师与同学要站在旁边做好保护。否则的话，你最好不要逞能。

投掷训练更是需要有严格运动规范的体育活动。飞出去的手榴弹、铅球、垒球、标枪也许会危及其他在场的同学。因此，投掷训练时一定要按老师的口令，令行禁止。同时要注意场地周围情况，万万不可盲目地将手中的投掷物随便扔出。

短跑、4×100 米接力等要按规定的跑道竞赛、不能串道。这不仅是技术的要求，也是安全的保障。特别是终点冲刺时，更要遵守规则。因为这时人身体的冲力很大，精力又集中于竞技之中，思想上毫无准备。一旦互相绊倒，就可能严重受伤。

避免和减轻化学烧伤事故的伤害

青少年学生在课堂上经常要进行化学实验。化学实验具有一定的危险性，如果不注意安全，就很可能发生危险化学品灼伤事故。

具有一定热力或腐蚀性化学品意外与人体接触，会引起局部组织损伤，并通过受损的皮肤、粘膜组织导致全身病理、生理的改变；有些化学物质还可以通过创面被吸收，引起全身中毒。由化学物质引起的灼伤被统称为化学烧伤。其烧伤的程度取决于化学物质的种类、浓度和作用持续的时间。腐蚀性化学品是形成化学烧伤的重要原因之一。腐蚀性化学品包括酸性腐蚀品、碱性腐蚀品和其他不显酸碱性的腐蚀品。

化学烧伤较其他的烧伤相比出现的情况比较少，但是在学生中出现的情况比较多，所以要多加注意，学习和掌握一些相关的必备知识。

(1) 危险化学品烧伤的特点

为了避免造成伤害，首先要充分认识危险化学品烧伤的特点。

危险化学品烧伤常伴随危险化学品的全身中毒；具有挥发性的化学物质被吸入到肺内可致化学性吸入性损伤，可导致肺水肿、肺炎，最终影响肺内的气体交换；某些危险化学品的烧伤创面可因化学品的性质不同而使创面进行性加深；某些危险化学品接触人体后，需经过一段潜伏期，然后才形成创面及出现中毒症状；个别危险化学品烧伤不能以创面大小判断病人严重程度。有时烧伤创面虽小，但中毒症状较重；某些危险化学品可经烧伤创面和受损的呼吸道吸收，导致全身中毒，给治疗带来困难；危险化学品烧伤常伴有眼睛烧伤；危险化学品烧伤主要通过氧化、还原、脱水、腐蚀、溶脂、凝固或液化蛋白等作用致伤，损伤的程度多与危险化学品的种类、毒性、浓度、剂量和接触时间有关。与热力烧伤不同之处是体表上化学致伤物质的损害作用要持续到被清除或被组织完全中和与耗尽方能停止，因此其创面愈合的时间较单纯热力烧伤创面愈合的时间要长得多。

(2) 化学烧伤现场处理原则

化学腐蚀品对人体有腐蚀作用，易造成化学灼伤，腐蚀物品

造成的灼伤与一般火灾的烧烫伤不同，开始时往往不痛，但感觉痛时组织已被灼伤，所以对触及组织的腐蚀品，应迅速采取急救措施。

对化学品烧伤最简易有效的现场急救办法是，首先应立即脱离危害源，就近迅速清除伤员患处的残余化学物质，脱去被污染或浸湿的衣裤，用自来水反复冲洗烧伤、烫伤、灼伤的部位，以稀释或除去化学物质，时间不应少于 20 分钟。冲洗后，可用消毒敷药或干净被单覆盖伤面以减少污染，不要在受伤处随便使用消炎类的药膏或油剂，以免影响治疗。

在经过简单的自救后，要赶快送医院救治。护送者最好是现场人员，因为他们熟知当时的烧伤情况。在到达医院以后，要提供烧伤化学物质的品类、浓度和化学特性，以便医务人员尽快对症治疗。

(3) 现场常用的急救方法

生石灰和浓硫酸烧伤时，应先用干布擦净，再用水冲洗，以免遇水后产热，加重烧伤。磷烧伤时应用水或湿布将磷与空气隔绝，以免磷继续燃烧。禁用任何含油质的敷料包扎，以免增加磷的溶解和吸收，发生严重的磷吸收中毒。

所有化学烧伤，均应迅速脱去化学物质浸渍的衣服。脱衣动作应该迅速、敏捷，又要小心谨慎。套式衣裙宜向下脱，而不应向上脱，以免浸污烧伤面部，伤及眼部损伤视力。

化学烧伤的严重程度除化学物质的性质和浓度外，多与接触时间有关。因此，无论何种化学物质烧伤，都应立即用大量清洁水冲洗至少 20 分钟以上，可冲淡和清除残留的化学物质。

可考虑巧用中和剂。如磷烧伤时可用 5%碳酸氢钠。但切不可因为等待获取中和剂而耽误冲洗时间。

要注意的是，有几种化学物遇水生热，必须先拭除沾在创面上的化学物质。如四氯化钛遇水后产生盐酸并释放大量热，因此应先用布或纸把四氯化钛吸掉、拭去，再用水彻底冲洗。石灰烧伤时，也应先移去干石灰粉末后，再用水冲洗。对可能引起中毒的化学烧伤，应在创面处理同时应用解毒药物。黄磷烧伤时，应用湿布局敷，防止磷遇空气继续燃烧，创面禁用油纱布，因磷溶于油，经创面吸收可引起中毒。

对酸烧伤，急救时可用大量清水冲洗伤处，随后按酸烧伤原则处理。此外，有些腐蚀性酸烧伤：如石炭酸，其脱水作用不如上述强酸强，但可被吸收进入血循环而损害肾脏。石炭酸不易溶解于水，清水冲洗后，可以70％酒精清洗。

对碱烧伤，急救时应立即用大量清水冲洗，冲洗时间更应延长。碱烧伤中的生石灰（氢氧化钙）和电石（碳化钙，C_2Ca）的烧伤必须在清水冲洗前，先去除伤处的颗粒或粉末，以免水冲后产热对组织产生损伤作用。

对磷烧伤，急救时应立即扑灭火焰，脱去污染的衣服，用大量流动水冲洗创面，并将伤处浸入水中，洗掉磷颗粒，并使残留的磷与空气隔绝，以隔绝氧气，阻断燃烧的过程。切忌将伤口暴露于空气中，以免磷继续燃烧产生热量而使伤情更重。应在水下移除磷粒，用1％硫酸铜涂布，以使残留磷生成黑色的无毒性的二磷化三铜（不再燃烧），然后再用水冲去，最后再用3％双氧水或5％小苏打水冲洗，使磷渣再氧化成磷酐（P_2O_5（五氧化二磷），无毒），便于识别和移除。但必须控制硫酸铜的浓度不超过1％，如浓度过高，反会招致铜中毒。如现场一时缺水，可用多层湿布包扎创面，以使磷与空气隔绝，防止继续燃烧产生热量而使伤情更重。忌用油质敷料包扎创面，因磷易溶于油脂，增加磷的溶解与吸收，而更易促进磷的吸收，导致全身中毒；可用3％～5％碳

酸氢钠湿敷包扎。

（4）化学烧伤事故的预防

最重要的是保护好眼睛！在化学实验室里或与危险化学品接触的现场应该一直配戴护目镜（平光玻璃或有机玻璃眼镜），防止眼睛受刺激性气体薰染，防止任何化学药品特别是强酸、强碱、玻璃屑等异物进入眼内。

禁止用手直接取用任何化学药品。使用危险化学品时，除用药匙、量器外，必须配戴橡皮手套，实验后马上清洗仪器用具，立即用肥皂水洗手。

尽量避免吸入任何有毒药品和溶剂蒸汽。处理具有刺激性的、恶臭的和有毒的化学药品时，如 H_2S、NO_2、Cl_2、Br_2、CO、SO_2、SO_3、HCl、HF、浓硝酸、发烟硫酸、浓盐酸、乙酰氯等，必须在通风橱中进行。通风橱开启后，不要把头伸入橱内，并保持实验室通风良好。

严禁在酸性介质中使用氰化物。

禁止口吸吸管移取浓酸、浓碱、有毒液体，应该用洗耳球吸取。禁止冒险品尝药品试剂，不得用鼻子直接嗅气体，而是用手向鼻孔扇入少量气体。

不要用乙醇等有机溶剂擦洗溅在皮肤上的药品，这种做法反而增加皮肤对药品的吸收速度。

实验室里禁止吸烟、进食，禁止赤膊穿拖鞋。

要在工作现场配备急需的急救设备。

经常进行危险化学品烧伤、中毒的现场逃生、自救、互救、急救的演练。

当乘坐的电梯运行不正常时怎么办

2012年9月11日7点半，厦门市思明区某小区的电梯正在往下运行中，不时有住户带着小孩走进来。最后，电梯里挤了7个小学生和5个大人，并没有超载。可是，电梯快要降到一楼时，电梯突然加速下降，然后停住。此时，电梯里的灯灭了，一片黑暗，电梯门也打不开了。这时，大家有点儿慌乱，连按了数下紧急按钮，但没反应。10多秒后，电梯突然自动往上升，升至4层与5层之间时，突然卡住动不了，被困在里面的孩子吓哭……

随着城市快速发展，高层建筑越来越多，电梯的数量随之剧增。如何安全使用电梯也成为了我们不少人每天必须面对的问题。

为了确保安全，青少年应掌握一些乘坐电梯的常识。这样，当电梯运行不正常的时候，就能最大限度地减少意外伤害。

当进入电梯轿厢时，如果门开着，切记千万不可盲目进入。一般情况下，应确认电梯是否停在本层并在平层位置，特别是在夜间光线不清的时候，更应注意。否则，就有可能造成人员坠落事故。

搭乘前，应系紧鞋带，留心松散、拖拽的服饰以防被梯级边缘挂拽；上扶梯时踩在黄线边框内，上下扶梯不要推挤他人，禁止在运动的梯级上蹦跳、嬉戏、奔跑；切忌将头部、肢体伸出扶手装置以外，以防受到天花板等物撞击；儿童千万不要在扶手带攀爬，以防挤伤手指、损坏手扶装置；不应在自动扶梯出口处逗留，以免影响其他它乘客。

乘坐电梯时，不要同时点击多个按钮，因为好几个按钮同时按，容易引起系统故障，突然停止。千万不要在电梯里嬉戏打闹，

因为电梯剧烈摇晃有可能造成轿厢忽然下滑。切记，电梯是公共设施，需要大家的爱护，不要让你的小动作埋下安全隐患。

如果电梯坏了被困在其中，千万别惊慌，要保持镇定，只要不乱动，一般就不会有危险。因为电梯装有防坠安全装置（通常就在电梯底），会牢牢夹住电梯槽两旁的钢轨，使电梯不至于掉下。就算停电，电灯熄灭，安全装置也不会失灵。

电梯下坠时，要尽量采用保护自己的最佳动作：不论有几层楼，要赶快依次把每一层楼的按键都按下；如果电梯内有手把，用一只手紧握手把；整个背部跟头部紧贴电梯内墙，呈一直线；脚跟提起，膝盖呈弯曲姿势，以减少电梯突然停止时冲击造成的伤害。

应尽快利用警钟或对话机救援，千万不可自行扒门企图逃离。

如无警钟，可拍门叫喊。如怕手痛，可以脱下鞋子敲门。外面有人回应，就说出发生什么事，并请求立刻找人来援救。如不能立刻找到电梯技工，可请外面的人打电话叫消防员。消防员通常会把电梯绞上或绞下到最接近的一层楼，然后打开门。就算停电，消防员也能用手动器械把电梯绞上绞下。

千万不要尝试强行扳开电梯内门。即使能打开，也未必够得着外门；想要打开外门安全脱身当然更难。

在电梯里呼救，尤其是在高楼大厦里，一般不多久就有人回应，附近常会有人听到。但在深夜或周末困在商业大厦的电梯里，就有可能几个小时甚至几天也没有人走近电梯救出被困者。在这种情况下，最安全的做法是保持镇定，伺机求援，也许要受饥渴、闷热之苦，但能保住性命。听听外面的动静，如果有人经过，设法引他注意。如果不行，就等到上班时间再拍门呼救。

了解和掌握安全用电的基本常识

电是一种重要能源，广泛用于生产和生活，可以产热、产生动力等。1831 年法拉第发现线圈在磁极之间旋转时，线圈内产生电流，奠定了现代工业发电的物理学基础。电的发现和应用极大的节省了人类的体力劳动和脑力劳动，使人类插上了翅膀，使人类的触角不断延伸。

电如同阳光，它不仅照亮黑夜，而且极大地方便了人们的生活。然而，事物的存在都有两面性，电也不例外，一旦使用不当，也存在不同程度的破坏作用，尤其能危及人的生命安全、财产安全。

1879 年法国里昂的木匠在发电机旁工作误触电致死，这是世界上第一例触电死亡报告。现在全世界每年因触电死亡或致残的人成千上万。

因此，我们在用电时一定要多加小心，一定要注意用电安全，以避免一些不必要的伤害。

触电伤害包括电击和电伤两大类。

电伤是指电流对人体表面的伤害，它往往不致危及生命安全。电伤是由电流的热效应、化学效应、机械效应等对人造成的伤害。

电击是指电流通过人体内部，刺激机体的生物组织，使肌肉收缩。各器官组织机能紊乱，轻者引起疼痛发麻，肌肉抽搐，重者引起强烈痉挛，导致呼吸、心搏停止而死亡。

电击是最危险的一种伤害，绝大多数（大约 85%以上）的触电死亡事故都是由电击造成的。通常所说的触电事故，主要是指电击所言。

(1) 触电的危害及其影响因素

由于具体接触的电不同，危害的轻重也不同。接触的电压越高，电流越大，危害就越大。电流通过人的时间越长，危害也越大。

人体触电时，致命的因素是通过人体的电流，而不是电压。但是当电阻不变时，电压越高，通过人体的电流就越大。因此，人体触及带电体的电压越高，危险性就越大。但不论是高压是低压，触电都是危险的，都是应该尽量避免的。

电流通过人体的持续时间是影响触电伤害程度的一个重要因素。人体通过电流的时间越长，人体电阻就越低，流过的电流就越大，对人体组织破坏就越厉害，造成的后果就越严重。同时，人体心脏每收缩、扩张一次，中间约有 0.1 秒的间隙。这 0.1 秒对电流最为敏感。若电流在这一瞬间通过心脏，即使电流很小（零点几毫安）也会引起心室颤动；如果电流不在这一瞬间通过心脏，即使电流较大，也不会引起心脏麻痹。

由此可见，如果电流持续时间超过 0.1 秒，并且必须与心脏最敏感的间隙相重合，才会造成很大危险。

电流通过人体的途径也与触电程度有直接关系。当电流通过人体的头部时，会使人立即昏迷，或对脑组织产生严重损坏而导致死亡；当通过人体脊髓时，会使人半截肢体瘫痪；当通过人体中枢神经或有关部位时，会引起中枢神经系统强烈失调而导致死亡；当通过心脏时，会引起心室颤动，电流较大时，会使心脏停止跳动，从而导致血液循环中断而死亡。因此，电流通过心脏、呼吸统和中枢神经系统时，其危害程度比其他途径要严重。

实践证明，电流从一只手到另一只手或从手到脚流过，触电的危害最为严重，这主要是因为电流通过心脏，引起心室颤动，

使心脏停止跳动，直接威胁着人的生命安全。因此，应特别注意，勿让触电电流经过心脏。

特别指出的是，通过心脏电流的百分数小，并不等于没有危险。因为，人体的任何部位触电，都可能形成肌肉收缩以及脉搏和呼吸神经中枢的急剧失调，从而丧失知觉，形成触电伤亡事故。

人的健康状况、人体的皮肤干湿等情况，对触电伤害程度也有影响。一般情况下，凡患有心脏病、神经系统疾病或结核病的人，由于自身抵抗能力差，触电后引起的伤害程度，要比一般健康人更为严重。另外，皮肤干燥时电阻大，通过的电流小；皮肤潮湿时电阻小，通过的电流就大，触电危险性就大。

(2) 常见的触电事故类型

触电事故的类型按触电时人与电源接触的方式可分为直接接触触电和间接接触触电两种。在直接接触触电中，又分为单相触电和两相触电。

单相触电——当人体直接接触带电设备的其中一相时，将有电流经过人体流入大地或接地体，这种触电称为单相触电。单相触电时，人体承受的电压为相电压。单相触电的危险程度与电网的运行方式有关。一般情况下，电网接地的单相触电比电网不接地的单相触电的危险性大。

两相触电——当人体的两个部位同时碰触电源的两相时，将有电流从电源的一相经过人体流入另一相，这种触电称为两相触电。两相触电时，人体承受的电压为线电压，所以两相触电比单相触电更容易导致死亡。

漏电触点——电气设备和用电设备在运行时，常因绝缘损坏而使其金属外壳带电，当人们不注意碰上时，将有电流从带电部位经过人体流入大地或接地体，这种触电称为漏电触电。漏电触

点时，人体承受的电压由于受漏电部位的接触电阻影响，一般情况下，小于或等于电源的相电压。

跨步电压触电——在带电导线断线落地点或故障情况下的接地体周围都存在电场，当人的两脚分别接触该电场内不同的两点时，两脚间将承受电压，这个电压称为跨步电压。在这个电压作用下，将有电流流过人的两腿，这就叫做跨步电压触电。

(3) 安全用电的要诀

安全用电是每个家庭必须掌握的常识，为此，必须遵行以下各项守则：

安装插座或给电线装配插头时，检查一下各电线是否接到正确的接线头。按我国现行标准，从线色上分，一般应该是火线一红色，零线一绿色或黄色（也有的是黑色），地线是黄绿相间。如果是三相插座，左边是零线，中间（上面）是地线，右边是火线，简称为左零右火。为了用电的安全和检修的方便，一定要严格按规定的颜色对应。

不要经常把多个插头插在同一插座上。如果插座不够用，应该多装几个。

不要把电线直接插入插座，须先连接插头。扯着电线拔插头，会拉松接头。

插座不可过载。不同的电器用具功率各异，在其外壳已经一一标明。几件用具共用一个插座时，加起来的功率不可超过插座的负载能力。否则不但烧坏插座和插头，更可能酿成火灾。

经常搬动或发热的电器，如电水锅之类，其软线和凹接头须定期检查。凹接头螺丝屡屡受热、冷却，可能松脱，要及时处理保证安全。

常用电器如冰箱、洗衣机、电饭锅等，应定期检查插头和

引线。

吊灯使用时，悬垂引线会发热，绝缘层日久变脆，甚至破裂，应经常检查及早更换。

检查引线或用湿布把它揩干净前须关掉总开关，水渗入隙缝，有触电的危险。

暖炉、冷气机、熨斗等大功率电气用具插头不可插在照明用的插座上，以免电流过载，烧断保险丝。

插头内通常有一块硬胶，就在软线进入插头的小孔内，称为塞绳夹，用来夹紧软线的外皮。如果软线内的小电线外露，应重新安装好。

修理、调校电器前及电器使用完毕，都要拔出插头。换灯泡、给电水锅注水前也应拔掉插头。

如电线不够长，可用接线器连接，不过最好还是换上长度适合的电线。随便把两根电线拧在一起，用胶纸包裹接口是非常危险的，易生意外。

室内的电线最好每5年内检查一次。

不要自行改动屋内的电线线路。应请专业技师代劳。

户外使用的电器宜用橙色电线，因为橙色较显眼。

电器的引线如要加长，接上的电线不可细于原有的，以免过热。

如加长的引线是卷在线轴上的，使用时应整段拉出，因电线通了电流就会发热，留在线轴上，热量不易发散，可能熔掉绝缘层，引致短路。

使用各种电器设备，要认真阅读说明书，确保使用的正确和安全。

(4) 触电的自救和互救

如果是自己触电附近又无人救援，此时需要触电者镇定地进行自救。因为在触电后的最初几秒钟内，处于轻度触电状态，人的意识并未丧失，理智有序地判断处置是成功解脱的关键。触电后并不像通常想象的那样会把人吸住，只是因为交流电可引起肌肉持续的痉挛，所以手部触电后就会出现一把抓住电线，甚至越抓越紧的现象。此时，触电者可用另一只空出的手迅速抓住电线的绝缘处，将电线从手中拉出解脱触电状态。

如果触电时电器是固定在墙上的，则可用脚猛力蹬墙同时身体向后倒，借助身体的重量和外力摆脱电源。

如果发现有人触电，作为救助者必须争分夺秒，充分利用当时当地的现有条件，使触电者迅速脱离电源。绝不可用手直接去拉触电者。这样不仅使触电者再次充当导体，增加了电流的损伤，而且使救助者自身的生命安全受到电击的威胁。正确的救护方法是：首先使触电者脱离电源。具体可参考采用如下方法：

如果触电者是触及低压带电设备，则救护人员应迅速设法切断电源，方法如下：

拉开电源开关或刀开关，拔除电源插头。关闭电源：如开关箱在附近，可立即拉下闸刀或拔掉插头，断开电源。如距离闸刀较远，应迅速用绝缘良好的电工钳或有干燥木柄的利器（刀、斧、锹等）砍断电线，或用绝缘工具、干燥的木棒、竹竿、木板、硬塑料管、绳索等物，迅速将电线拨离触电者，使触电者与电源解脱。

救护者也可用抓住触电者干燥而不贴身的衣服，将触电者拖开电源（不能碰到金属物体和触电者的裸露身躯）。

若现场无任何合适的绝缘物（如，橡胶，尼龙，木头等。）可利用，救护人员亦可用几层干燥的衣服将手包裹好，站在干燥的木板上，拉触电者的衣服，使其脱离电源。

如果人的躯体因触及下垂的电线被击倒，电线与躯体连接的很紧密，附近又无法找到电源开关，救助者可站在干燥的木板、塑料等绝缘物上或穿绝缘鞋，用干燥的木棒、扁担、竹竿、手杖等绝缘物把接触人身体的电线挑开。

解脱触电者时，救护人员最好用一只手进行。如果电流通过触电者入地，并且触电者紧握导线，救护人员可设法用干木板塞到触电者身下，使其与地绝缘，隔断电源，然后再采取其他办法切断电源，如用干木把斧子或有绝缘柄的钳子将电源线剪断。剪断电线时要分相，一根一根分开距离剪断，并尽可能站在绝缘物体或干木板上剪。

如果触电者触及高压电源，因高压电源电压高，一般绝缘物对救护人员不能保证安全，而且往往电源的高压开关距离较远，不易切断电源，这时应采取以下措施：

立即通知有关部门停电。

戴好绝缘手套、穿好绝缘靴，拉开高压断路器（高压开关）或用相应电压等级的绝缘工具拉开跌落式熔断器，切断电源。救护人员在抢救过程中，应注意保护自身，保持与周围带电部分足够的安全距离。

学会在野外辨认方向

2012 年 5 月 20 日上午 10 时许，两位大一学生来到河北省山海关燕塞湖附近的望裕山庄景区游览爬山，在爬过了几座山峰，准备原路返回时，却迷了路，只好打电话报警。待民警将两名大

学生救下山时，已是晚上 8 点多。假如他们自己能够辨认方向，可能就会避免这场有惊无险的遭遇。

看来，青少年了解和掌握一些在野外辨认方向的知识还是非常有必要的。

发现自己迷失方向后，切勿惊慌失措，应立即停下来冷静地回忆一下所走过的道路，想办法按一切可能利用的标志重新定向，然后再寻找道路。最可靠的方法是“迷途知返”，循着自己的足迹退回至原出发点，切勿盲目乱撞。返回原来的路线，有时需要下很大的决心。尤其是已经登上了山岭，临时决定改道，走艰辛的回头路，要比前进更需要勇气和毅力。

发现迷失方向时，应先登高远望，判断应该往哪儿走。在山地尤应如此，先爬上附近大的山脊上观察，然后决定是继续往上爬，还是向下走。通常应朝地势低的方向走，这样易于碰到水源。顺河而行最为保险，这一点在森林（丛林）中尤为重要。俗话说：“水能送人到家。”因为道路、居民点常常是濒水临河而筑的。

在山地，若山脉走向分明、山脊坡度较缓，可沿山脊走。因为山脊视界开阔，易于观察道路情况，也容易确定所在位置。山脊还有一定的导向作用，只要沿山脊前进，通常可达到某个目标。

在广阔平坦的沙漠、戈壁滩或茫茫的林海雪原上行进，因景致单一，缺乏定向的方位物，人们在上述地区一般不会走直线，通常向右偏。有学者的研究表明，一般人的左步较之右步稍大，因而行进中不知不觉便转向右方。步行者通常约以 3～5 公里的直径走圆圈。

为了避免走弯路，浪费时间，在沙漠戈壁或密林中行进，依照一个确定的方向作直线运动非常重要。在上述地区行走，可利用长时间吹向一个方向的风或迅速朝一个方向飘动的云来确定方向。迎着风、云行走或与其保持一定的角度行进，可在一定时间内保证循着直线前进。也可使用“叠标线法”，即每走一段距离，在背后作一个标记（如放石头、插树枝，或在树干上用刀斧刻制标记），不断回看所走的路线上的标记是否在一条线上，便可以得知是否偏离了方向。

沙漠地区景物单调，常常使人迷向。沙漠地因风的作用，沙丘移动，道路不固定。寻找辨认道路可根据地上的马、驴、驼的粪便来辨认。一般成规律者，是人畜走过的路线。如实在无路可走，可以沿着骆驼的足迹行进，在干燥的沙漠中，骆驼对水源有一种特殊的敏感，依此常能找到水源。

在固定和半固定沙丘和草原地区，道路少但比较顺直，变迁不大。只要保持了总的行进方向，便可一直走下去。

在有流沙的地区，个别路段会被覆盖，出现左右绕行的道路，这种绕行距离一般不会很远，应及时回到原行进方向上，切勿沿岔路直下而入歧途。

在沙漠地区，还应注意不要受海市蜃楼的迷惑。

在森林中行进，高密的树冠，遮天蔽日，根本看不到日月星辰。进入森林时，为避免迷失方向，应把当地的地形图研究清楚。特别要注意行进方向两侧可作为指向的线形地物，如河流、公路、山脉、长条形的湖泊等。注意其位置在行进路线的左方还是右方，是否与路线平行。如发现迷失方向，应立即朝指向物的方向前进，一直走到为止，再行判定方位。

在森林中迷失方向，应先估计，从能确定方位的地方走出了多远，然后寻找身边便于观看的树干，用刀斧刮皮作环形标记（即把树干周围的皮都刮掉，以便从任何方向上都能看到），再根据自己的记忆往回走。如果找不到原来的地点，折回标记处再换一个方向重新试行。最后，总能找到目标。

在森林中，如果稍不留意，很难区分是林中小径还是树木间

的缝隙。人们常走的小径，因路面经常践踏而变得坚硬踏实。但须注意，并非所有路面坚实的小径都是人行的路。如上半身常碰到草藤枝条，而下半身却不受这些杂物的缠绕，则可能是野兽出没的路径。黑夜中，这种感觉判断较白天敏锐准确。遇到这种情况，应立刻返回人行道路上去。没经验或不熟悉道路的人，夜间穿行森林一般都会迷路，因而，没有特殊情况不要夜行。

在我国西南边疆丛林地区，居住着许多少数民族，他们多习惯砍光寨子附近山上的树木。如发现某座山上没树木，那座山的附近往往会有人家。此外，傣族等少数民族的住房多用竹子搭制，他们习惯在寨子边上种大蓬竹。因此，有大蓬竹的地方，也容易找到山寨。

迷途时无路可走令人沮丧，如果遇到岔路口，道路多也令人无所适从。此时，首先要明确要去的方向，然后选择正确的道路，若几条道路的方向大致相同，无法判定，则应选中间那条路，这样可以左右逢源，即使走错了，也不会偏差得太远。

迷路后，当天色已晚，应立即选址宿营，不要等到天黑，否则将非常被动。若感到十分疲乏时，也应立即休息，不要走到筋疲力尽才停止。这一点在冬季尤应注意，过度疲劳和淌汗过多，很容易被冻伤。

寻找正确路程的技巧，必须通过平时的野外活动去积累。例如：平时就养成随时参考地图和指南针的习惯，同时积极地观察周围的地形以及身边的植物，来判断正确的位置。

太阳从东方出，西方落，这是最基本的辨识方向的方法。若在阴天迷了路，可以靠树木或石头上的苔藓的生长状态来获知方位。通常南面枝叶茂盛，树皮润滑。树桩上的年轮线通常是南面稀、北面密。建造物、土堆、田埂、洼地的积雪通常是南面熔化的快，北面融化的缓。大岩石、土堆、大树南面草木茂盛，而北则易生青苔。

还可利用星宿辨别方向。在北半球通常以北极星为目标，北极星所在的方向就是正北方。

在野外如何发出求救信号

别人从远处或空中很难看到在郊野的旅行者。但试图求救的时候，可利用下列方法使自己较易为人发现：

国际通用的山中求救信号是哨声或光照，每分钟 6 响或闪照 6 次。停顿一分钟后，重复同样的信号。

如果有火柴和木柴，点起一堆或几堆火，烧旺了加些湿枝叶或青草，使火堆升起大量浓烟。

穿着颜色鲜艳的衣服，戴一顶颜色鲜艳的帽子。

用树枝、石块或衣服等物在空地上砌出 SOS 或其他求救字样，每字最少长 6 米。如在雪地，则在雪上踩出这些字。海难的新求救信号还有 GMDSS。这都是一些比较明显的求救标志。

看见直升机到山上来援救而飞近时，引燃烟幕信号弹（如果备有的话），或在垂索救人地点的附近生一堆火，升起浓烟，让机师知道风向，这样能帮助机师准确地掌握停悬的位置。

了解一些常见的有毒花木知识

在众多的观赏花木中，有上千种是有毒的，其中有的是全体都含有有毒物质，有的则只是集中在其根，茎或叶片，花朵里。

如果家庭中栽培了有毒花木，就会存在一定的隐患。例如，儿童很可能因无知和好奇而玩弄有毒花木的枝、叶、茎、花、果(籽)，这样就难免发生意外。因此，了解一些常见花木中有毒品种的知识，是很有必要的。

(1) 一品红

又名猩猩木，圣诞花，是多年生灌木或小乔木。我国北方作盆花栽种，广东、云南等地可在地里栽种，气候适宜常常长成3～4 米高的灌丛。开花时，顶端鲜红色的叶片衬托黄色的小花，十分鲜丽。

一品红是大戟科植物，全株有毒。茎杆中的白色乳汁，含有大戟甙和多种生物碱，乳汁接触皮肤可使皮肤发热红肿；如误食其叶片，严重的会中毒死亡。

(2) 光棍树

又名绿玉树，是多年生灌木或小乔木。北方作盆花种植，南方盆栽或地栽。光棍树是大戟科植物，原产美洲热带干旱的荒漠地区，为适应干旱、炎热的生活环境，它的叶片退化，依靠其绿色的茎干进行光合作用。光棍树的绿色小枝，光亮如翠玉，很受人们喜爱。

光棍树茎中白色的乳汁，含有大戟甙类和生物碱类物质。乳汁刺激性很强，沾在皮肤上会引起红肿，误入眼睛内能引起失明。误食中毒反应强烈，严重者可致死。

(3) 花叶万年青

万年青有许多种，这里介绍的是天南星科的花叶万年青和彩叶万年青，均是盆栽花卉，在我国南方有时种植在庭院里。这两种万年青的叶片上有白色、黄绿色或各种颜色的斑点，花谢后，内穗花序上结橙黄或绿色的浆果。浆果和茎汁中含有草酸钙针晶体，也有人叫它是水鲜蛋白酶。汁液有强烈的刺激作用，接触到皮肤上，会使皮肤发炎、红肿、疼痒。如果误食花叶万年青的茎或果实，就会使口腔舌体粘膜吞咽困难，味觉丧失，声带麻痹，以至不能说话。因此，国外又叫它哑巴竹。

天南星科植物中的很多种类都是有毒的，它们一般结有鲜红色的果实，美丽诱人，不仅儿童易被诱食，也有成年人误食中毒的。

用万年青的汁液或全株浸液拌上饵料可毒杀蟑螂、老鼠。用其浸液稀释还可喷治花卉害虫。

(4) 水仙花

又名雅蒜、天葱或金盏银台，是石蒜科植物。原产于地中海，但在我国已有千余年的栽培历史。福建的漳州、上海的崇明，浙江普陀岛等地，均有大量栽培或半野生水仙花的生产。水仙花的鳞茎中，含有伪石蒜碱，石蒜碱，多花水仙碱和漳州水仙碱等多种生物碱。鲜花中含有挥发油 0.2%～0.45%，油中主要成分是丁香油酚、苯甲醛、栓皮醇，还含有芸香甙和异鼠李素—3—鼠李糖等。

误食水仙的鳞茎，会引起肠炎腹泻，瞳孔放大，并产生痉挛。用水仙鳞茎捣烂，外敷或涂汁，可医治痈疽毒疮等。

(5) 五色梅

又名马缨丹、七变花、山大丹、大红绣球等。是常见观赏植物，我国北方各地作盆花栽培，南方作庭园植物。

五色梅是马鞭草科常绿灌木，全株有一股强烈的怪味。夏季

小枝顶端形成密集的半圆形花序，每序有小花几十朵，花色粉红、黄色、红色、橙黄，全年开花好似多变的彩球。在热带地区，五花梅开花以后可结出紫黑色的浆果，如不慎误食，严重的会引起中毒死亡。五色梅的叶片含马缨丹烯A、马缨丹烯B，前者对羊的毒害较大。此外，还含三萜类、马缨丹酸、马缨丹异酸、鞣质、生物碱等。

(6) 夹竹桃

又名柳叶桃、柳竹、半年红，是各地常见观赏植物，我国北方各地常作盆花种植，长江流域以南各省可地栽，6月以后开花，花期长达几个月。

夹竹桃是夹竹桃科植物，枝、叶中含有欧夹竹桃甙甲、乙、丙，去乙酰欧夹桃甙丙和三萜皂甙、芸香甙等。树皮含夹竹桃甙A、B、D、F、G、H、K等。夹竹桃的新鲜枝毒性最强，叶片其次，花的毒性较轻。如果误食叶、花则恶心、呕吐、腹痛、腹泻、指尖或口唇发麻、说胡话、心动过缓，以至死亡。夹竹桃的枝、叶作燃料时，产生的烟雾也可引起中毒。

(7) 黄花夹竹桃

又名番子桃、台湾桃、竹桃等，是各地常见的观赏花木。北方盆栽，岭南可地栽，株高可达5～6米，常绿，6～12月开黄色花，花后结扁圆形果实。

黄花夹竹桃是夹竹桃科植物，果实、树皮中含黄花夹竹桃甙甲、乙黄花夹竹桃次甙甲、乙等多种成分。误食其果实、茎叶，会出现头痛、头晕、恶心、呕吐、腹痛、腹泻，烦躁、说胡话，四肢麻木，脸色苍白，脉搏不稳，昏迷，心跳停止以至死亡。

(8) 闹羊花

又名惊羊花、踯躅花、黄杜鹃、闷心花，是杜鹃花科的落叶灌木，4～5月间，在小枝顶端盛开漏斗状金黄色花朵。

闹羊花是一种有毒的花木，花朵中含侵木毒素和石楠素，叶片含黄酮类、杜鹃花毒素和煤地衣酸甲脂。花朵有强烈毒性，人接触和食入都能中毒。人畜误食其花朵后，常会恶心、腹泻、心跳缓慢、血压下降，步态蹒跚、呼吸困难，严重时呼吸停止而死亡。

(9) 马利筋

马利筋又名莲生桂子、芳草花、金凤花。是一年生或多年生草本植物，我国北方盆栽或作一年生植物地栽，南方可地栽过冬。马利筋叶片含细胞毒卡罗托甙，还分出多种卡稀内脂。全株有毒，特别是乳液的毒性强。误食其花叶，会出现头痛、头晕、恶心、呕吐、腹泻、烦躁，四肢冰冷，脸色苍白，脉搏不规则，对光不敏感，昏迷，甚至心跳停止而死亡。

还有其他一些花，如夜丁香的气味对人体健康不利，长时间摆在客厅或卧室，会使人头晕、失眠、咳嗽，甚至引起气喘烦闷，记忆力减退。凌霄的花粉如果被儿童揉到眼里，会引起眼部红肿发炎，且一时难以治好。五色梅、白花曼陀罗、报春花等花卉的花粉，成浆液后对人体有害。仙人掌、仙人球的汁也有毒，被它的刺扎破会引起皮肤发炎。常见的有毒花卉还有乌头、大花飞燕草、花毛茛、醉蝶花、洋金凤、青柴木、佛肚花、牵牛花、曼陀罗、马蹄莲、花叶、刺桐等多种。

在了解了常见的观赏花木中一些有毒的品种之后，当然不必视花如虎，将有毒花木完全排斥于家庭栽培之外。但是，也不可

掉以轻心，要采取必要的防护措施：

① 家庭栽培的花木中哪些是有毒的，成人首先要清楚，并逐一向孩子解释，使孩子牢记：有毒花木不能触碰、掐弄，更不能啃、咬和食入腹中。

② 盆栽的有毒花木，要放在孩子够不到的地方；地栽的要设围栏，以防孩子贪玩而忘记了嘱咐。

③ 无毒的花木在喷洒花肥之后，也不要触碰、掐弄。

④ 家庭栽培的花木不要轻易作药用（如专门种植药用花木则是另一回事），必需情况下的药用，要有医生指导。

正确拨打报警电话 110

许多人都知道在遇到危险或紧急情况时要拨打报警电话 110，但是，当困难真正降临的时候许多青少年并不知道如何正确拨打 110，才能最快取得预期的效果。

110 报警服务台以维护治安与服务群众并重为宗旨，除负责受理刑事、治安案件外，还接受群众突遇的、个人无力解决的紧急危难求助。因此，在以下情况下都可以拨打 110：

正在进行的或可能发生的各类刑事案件，如：杀人、抢劫、绑架、强奸、伤害、盗窃、贩毒等；

正在进行的或可能发生的各类治安案件或紧急治安事件，如：扰乱商店、市场、车站、体育文化娱乐场所公共秩序，赌博、卖淫嫖娼、吸毒、结伙斗殴等；

发生火灾、交通事故；

发生自然灾害和各种意外事故；

涉及水、电、气、热等公共设施出现险情，威胁公共安全、

人身或财产安全和工作、学习、生活秩序，需要公安机关先期紧急处置的；

举报违法犯罪线索，举报各种犯罪行为及犯罪嫌疑人；

老人、孩子以及智障人员、精神病患者走失，需要公安机关在一定范围内查找的；

突遇危难无力解决时，日常生活中的各种求助，发生溺水、坠楼、自杀等情况，需要有人民警察到现场才能处置的事件，等等。

要进行电话报警时，一定要在就近的地方，抓紧时间报警，越快越好。任何有电话的单位、个人及公用电话，都应为报警人提供方便。

手机、市话和可拨通外线的分机电话都能打 110。110 是特殊服务号码，使用时不收话费。用手机拨打 110 时不用加区号。城区的有线电话报警都直接进入市局，远郊区 110 报警台受理本区县的报警。全市的手机拨打 110，都是直接打到市公安局的指挥中心，一般如果是各区县的报警范围都会马上转过去，如果遇到重大案件就由指挥中心直接受理。

报警时要按民警的提示讲清报警求助的基本情况；现场的原始状态如何；有无采取措施；犯罪分子或可疑人员的人数、特点、携带物品和逃跑方向等。打 110 还要提供报警人的所在位置、姓名和联系方式。对于 110 受理的警情，一定告知接警员你所在的确切方位，越详细越具体越好。例如，路 号楼门口。当实在报不出具体门牌号码时，可报 路并报出附近较为有名的建筑物、饭店、娱乐场所等。报警时要实事求是，不能夸大事实。

无特殊情况，报警后应在报警地等候，并与民警和 110 及时取得联系。在等候民警的过程中，应保持电话的畅通，以便警方随时与你联系。有案发现场的，要注意保护，不要随意翻动。除

了营救伤员，不要让任何人进入。

报警后，应在约定的地点等候，看见民警后请主动招呼。如需更改地址，请及时将现在的方位来电告知接警员，以便民警能及时到场处理。

如情况发生变化，发现无需民警到场处理警情时，请及时打电话告知接警员，撤销警情。

正确拨打火警电话 119

火灾发生时，很多人都会拨打火警电话 119。但如何正确拨打 119，你清楚吗？往往在很多时候，由于不正确的报警方法，延误了火灾的最佳扑救时间。报告火警是每个人应尽的消防义务，但对如何报警却有一定要求的。

《中华人民共和国消防法》规定：任何单位、个人发现火灾时都应当立即报警，任何单位、个人都应当无偿为报警提供方便，不得阻拦报警。每个社会成员发现火灾时，都不得隐瞒火灾，排除一切疑虑，立即拨通 119 电话，一般直接拨打即可。对装有小程控机的电话分机，可先拨通外线号码后，再打 119。

为使消防队能够迅速准确地到达火场进行火灾扑救，在拨通 119 电话后，一定要将起火单位的名称、地址、燃烧物质性质、有无被困人员、有无爆炸和毒气泄漏、火势情况、报警人的姓名、电话号码等讲明，并说出起火部位及附近有无明显标志，然后派人到主要路口迎候消防车，引导消防车迅速赶到火灾现场。在报告起火单位、地址时，不仅要报清某某单位、门牌号码，而且还要报清火场附近的主要参照物。

要将自己的姓名、电话或手机号码告诉对方，以便联系。注意听清接警中心提出的问题，以便正确回答。

救火是十万火急的事情，而报警又是第一道关口，把好这一关对火灾的扑救具有十分重要的意义。早一分钟报警，就有可能把火势控制在初起阶段。但如果迟报一分钟，或不会报警，或迟迟不报警，或是没有报清火场具体情况，小火就有可能酿成大灾。

如果火情发生了新的变化，要立即告知公安消防队，以便他们及时调整力量部署。

我国的 119 台，不仅是一部电话，而是一套先进的通讯系统。它可以同我国国土上任何一个地方互通重大灾害情报，还可以通过卫星调集防灾救援力量。通过电话可以随时向消防最高指挥提供火情信息，119 台实际上是一个防灾指挥中心。

119 不仅是火警电话，还参加其他灾害或事故的抢险救援工作，包括：各种危险化学品泄漏事故的救援；水灾、风灾、地震等重大自然灾害的抢险救灾；空难及重大事故的抢险救援；建筑物倒塌事故的抢险救援；恐怖袭击等突发性事件的应急救援；单位和群众遇险求助时的救援救助等。

拨打 119 火警电话（不管是用座机还是手机）与公安消防队出警灭火都是免费的。移动电话拨打 119 时是不需要加拨区号的。

《消防法》规定，对谎报火警者可处警告、罚款或 10 日以下拘留。为了确保消防报警系统功能的有效发挥，千万不要谎报火警。

正确拨打急救电话 120

120 电话是国际通用的医疗救护电话，是居民日常生活中寻求医疗急救的专用电话。我国大部分城市和县都已开通了医疗专

用120急救电话。120急救电话24小时有专人接听，接到电话可立即派出救护车和急救人员，是最方便快捷的方法。

必须要明确的是，不是说患病就可以拨打120，120负责处理市民日常急救和大型突发事件、事故的紧急救援，市民遇有危及生命的疾病、创伤、中毒急需抢救时，可拨打120急救电话；一般疾病，如感冒、腹泻，需自行上医院解决。

当然，突然发病或外伤时，不要迟疑，应尽快打120呼救，这与自行送院或叫出租车送院比较，不但速度快，而且可在现场和途中得到医疗救援，防止病情恶化。

当你拨打120电话后，会听到循环语音提示“你已进入120急救系统，请不要挂机”，说明电话已接通。由于同时呼救的电话较多，电脑会对所有呼救电话进行排序，你要等候一段时间，因此你千万不要立即挂机。直到电话人工接听后，你呼救才是真正的被受理了。如果排队时间过长导致电话断线，应立即重新拨打120急救电话。

在拨通120并确定对方是医疗救护中心后，应讲清楚病人患病或受伤的时间，目前的主要症状和现场已采取的初步急救措施。如：服药、吸氧、心肺复苏、止血、包扎、固定等。

打电话的人最好是了解病情和受伤情况的人，报告病人最突出、最典型的发病表现：如头痛、胸痛、意识不清、呕血、呕吐不止、癫痫、哮喘、呼吸困难等。

病人过去得过什么疾病，重点为是否得过糖尿病、冠心病、高血压、心绞痛、脑中风、癫痫、精神病、传染病、是否长期服药，最近的服药情况。

讲清楚病人的住址或发病现场的主要标志及行车的捷径，并说明交通和道路情况，如窄小胡同、修路情况，约定具体的候车地点，以便接应。候车地点最好是交通要道、公交车站、大型建

筑物、明显的标志物。

如果是涉及人数众多的大型意外事故，出现成批伤员或中毒病人，必须报告事故缘由，比如楼房倒塌、火车出轨、毒气泄漏、食用蔬菜中毒等，并报告罹患人员的大致数目，以便120调集救护车辆、携带必要的急救器材、药品，报告政府部门及通知各医院救援人员集中到出事地点。

报告呼救者的姓名及电话号码，一旦救护人员找不到病人时，可与呼救人联系。

挂断电话后，应有人在住宅门口或交叉路口等候，并引导救护车的出入。若在20分钟内救护车仍未出现，可再拨打120。如病情允许，不要再去找其他车辆，因为只要120接到你的呼叫，是一定会来救护车的。

如果伤病员周围有人学过急救知识，可进行自救互救，在对心脏骤停的病人，立即进行心肺复苏，将会大大提高成功率。

要注意疏通搬运病人的过道；准备好随病人带走的药品，如衣物等。若是服药中毒的病人，要把可疑的药品带上；若是断肢的伤员，要带上离断的肢体等。当然，不要忘了尽可能带足医疗费用。

120是特殊服务号码，使用时不收话费。120救护车是要按行驶的里程收费的。

正确拨打交通事故报警电话122

122报警服务台是公安交通管理机关为受理群众交通事故报警电话，指挥调度警员处理各种报警、紧急危难求助，同时受理群众对交通管理和交通民警执法问题的举报、投诉、查询等。122

报警服务台是公安交通管理机关指挥中心的主要组成部分，实行24小时值班。

122交通事故报警台能够提供的服务包括：

交通事故报警；

交通拥堵报警；

查询路况信息；

查询拖车信息；

反映路况；

投诉交通民警；

查询其他交通信息。

在报警的时候，信息是否准确、及时，将直接关系到交警是否能够尽快地到达现场，替你解决困难。

在报警信息中，地点是最重要的。准确地描述出事地点，有利于122接警员及时调派民警赶赴现场。从接警情况看，报警人对事发地点的具体位置描述不清，会导致交警不能快速到达现场。

对青少年来说，经常遇到是交通事故报警。

电话拨通了以后，将所看到的交通事故情况简明扼要地叙述一遍。

说明事故的发生地点、时间、车型、车牌号码、事故起因、有无发生火灾或爆炸、有无人员伤亡、是否已造成交通堵塞等。

清晰地说出你的姓名、性别、年龄、住址、联系电话。

待对方挂断电话后，你再挂机。

为了便于公安机关快速处理警情、市民向122报警时请注意：一要简要说清出了什么事、二要详细说清地址、三要说清报警人姓名和联系电话。只有说清什么事，才便于警察分清主次、急缓并采取相应措施；只有说清了地址，才便于就近调动警力、及时赶到现场；只有留下姓名电话，才便于联系和查询处理情况。因

特殊情况，报警人不愿留下姓名电话的也可不留。

交通事故发生后，肇事者及周围群众应尽可能保护现场原貌，以利于事故处理时民警收集物证，判断事故性质；同时注意尽可能不妨碍交通秩序。因妨碍交通不得不变动现场的，先标明事故现场位置，或用手机、相机拍下事故现场位置，再将车辆移至不妨碍交通的地点。

发生交通事故，应在车辆周围放置警示标志，以免造成二次事故。

若肇事车辆逃逸，应记下该车的车牌号、车型、颜色等主要特征。

根据电信部门规定，使用122全国通用的电话报警求助均不收费。为了方便群众报警，一般公用电话亭电话都标有122电话不收费的标志，即不用IC卡或磁卡，都可拨打；用手机也可免费直接拨通报警电话。

请注意，千万不要因为好奇而随意拨打这个重要号码或虚假报警，否则，要承担相应的法律责任。